国家出版基金项目
NATIONAL PUBLICATION FOUNDATION

"十四五"时期国家重点出版物出版专项规划项目
中国能源革命与先进技术丛书
储能科学与技术丛书
储能与新型电力系统前沿丛书

面向新型电力系统的储能与电力市场

贺 徙 耿学文 裴善鹏 刘 坚 郑 璇 著

机械工业出版社

本书系统性地总结了截至目前我国新型储能产业发展概况，详细分析了我国新型储能参与电力市场的现状、堵点，充分研究了美国、德国、英国、澳大利亚、日本、韩国等公认的在新型储能参与电力市场方面已经取得突破性进展的发达国家的先进政策经验，继而面向不同储能类型建立了国外新型储能成功参与电力市场的基础模型，并通过与市场响应对比完成了相关经济学理论分析。全书立足于学术和产业融合的角度，穿插了对于推动我国新型储能政策体系尽快完善、相关市场机制基于政策加快建设、对应产业链关键环节及时合理响应的启示、正向结论和建议，对于我国新型储能项目参与国内外电力市场运行、我国新型储能企业参与国外电力市场建设均具有良好的参考价值。

本书可为高等院校能源政策研究、电力市场、新能源、能源经济、储能科学与工程、电力系统、电气工程等相关专业高年级本科生和研究生提供参考，也可为相关政策制定者、科研工作者、企业、投资机构提供参考。

图书在版编目（CIP）数据

面向新型电力系统的储能与电力市场/贺徙等著．—北京：机械工业出版社，2024.5

（中国能源革命与先进技术丛书．储能科学与技术丛书．储能与新型电力系统前沿丛书）

“十四五”时期国家重点出版物出版专项规划项目

ISBN 978-7-111-75773-3

Ⅰ.①面…　Ⅱ.①贺…　Ⅲ.①电力系统-储能-关系-电力市场-研究　Ⅳ.①TM7②F407.61

中国国家版本馆 CIP 数据核字（2024）第 092556 号

机械工业出版社（北京市百万庄大街 22 号　邮政编码 100037）

策划编辑：杨　琼　　责任编辑：杨　琼

责任校对：郑　婕　陈　越　　封面设计：马精明

责任印制：张　博

北京建宏印刷有限公司印刷

2024 年 5 月第 1 版第 1 次印刷

169mm×239mm · 12.25 印张 · 1 插页 · 213 千字

标准书号：ISBN 978-7-111-75773-3

定价：79.00 元

电话服务　　网络服务

客服电话：010-88361066　　机　工　官　网：www.cmpbook.com

010-88379833　　机　工　官　博：weibo.com/cmp1952

010-68326294　　金　书　网：www.golden-book.com

机工教育服务网：www.cmpedu.com

储能与新型电力系统前沿丛书

编 审 委 员 会

前　言

本书由4章构成，分别为我国新型储能产业发展概况、我国新型储能参与电力市场的现状、国外新型储能参与电力市场相关经验研究和国外新型储能参与电力市场相关研究经济学理论分析，详细分析了截至目前国内外促进新型储能发展的政策体系建设情况，梳理了政策里程碑节点以及政策引导下的我国和海外市场环境与产业现状，辅以市场反应和典型案例，从学术和产业结合的角度得出正向结论或发展建议，对我国国内新型储能项目（以磷酸铁锂电化学储能为主）参与电力市场具有较好的借鉴价值。

第1章在分析新型储能、新型电力系统、新质生产力的基础上，充分论证了新型储能和新型电力系统、新质生产力的关系：新型储能是支撑我国新型能源体系和新型电力系统的核心要素之一，新型储能是典型的新质生产力。本章概述了我国新型储能产业发展现状和全球新型储能产业发展现状，凸显了我国在推动全球新型储能发展中的重要作用。我国从设立国家层面的软课题入手，结合实践积累探索新型储能参与电力市场相关机制。本章基于新型储能示范应用阶段“政策引导+市场选择”形成的商业模式、商业现象、市场格局和不同细分场景下的发展路径，面向国内新型储能开始进入商业化应用及内卷加剧下储能企业大量“出海”的新阶段，确定新型储能参与电力市场的学术研究重点，期望为我国新型储能以中国特色市场化身份参与电力市场先行奠定学术基础，为政府构建完整的保障性政策体系、为新型储能企业拓展全球化市场提供有价值的参考。

第2章在分析国内电力市场和各省份储能支持政策的基础上，首次按照市场地位将储能分为独立储能和配建储能，并对独立储能电站和配建储能电站进行了定义，提出了市场化储能盈利模式的总体设计思路，按照电力中长期市场环境和电力现货市场环境分别设计了具体盈利措施。在电力中长期市场环境下，独立储能可租赁给新能源作为并网条件、参与电力辅助服务、获取优先发电量计划，配建储能可租赁给新能源作为并网条件、参与电力辅助服务。在电力现货市场条件下，调峰辅助服务市场停止运行，优先发电量计划取消，目录电价和上网标杆电价取消，储能可赚取现货节点电价差、获取容量补偿电价，同时租赁给新能源作为并网条件，配建储能只能租赁给新能源作为并网条件。从储能发展模式上看，独立储能无论在哪种市场环境下均具有优势，省级源网荷储一体化下的独立储能发展模式是现阶段国内较为可行的道路。

第 3 章强调了政策和市场环境是促进新型储能产业发展的关键，欧美国家通过完善电力市场规则、明确储能在电力市场中的身份、提供补贴等措施支持储能发展，为新型储能在其他地区的推广应用积累了经验。研究发现，美国、英国、澳大利亚储能参与电力批发市场的政策设计较为完善，德国、日本、韩国更多通过补贴、配额机制等促进表后储能发展，在确立储能市场身份（美国、英国、澳大利亚）、容量定价机制（美国、英国）、现货市场（美国、德国、英国、澳大利亚）、激励分布式储能（美国、德国、英国、澳大利亚、日本、韩国）等方面，各国政策存在一定的共性。当前国内新型储能收益不足，有必要借鉴美国、英国、澳大利亚等国经验，通过降低市场门槛、推进辅助服务与现货市场建设、完善市场交易模型、探索容量电价机制等方式加强新型储能与电力市场的衔接，在不断提升新型储能经济收益的同时，加速电力系统低碳化智能化转型。

第 4 章基于电力经济学、管制经济学和产业组织理论，采用完全竞争市场下的电力供需模型，详细分析了新型储能在不同应用场景中的充放电决策问题、各市场主体收益变化情况和市场效率，并提出了相关政策建议。研究发现，储能参与市场可降低电力平均价格，使电力用户获益，但传统能源及新能源发电商的市场收益会减少。在独立储能模式下，储能有动机且有能力通过持留来改变市场出清价格，全社会福利无法达到最优水平。在新能源配储模式下，储能不仅会通过持留保持峰谷价差，其消纳能力还受限于所关联的新能源电源，无法实现全社会资源的有效整合和调配。在用户侧配储模式下，全社会福利水平取决于电力用户的配储意愿和自主调节能力。因此，该章建议通过降低储能前期投入成本、提高储能充放电收益、发展共享储能商业模式和推行分时电价等政策，增加市场竞争、优化社会资源调配，进一步实现利用新型储能提高电力系统和区域能源系统效率的目标。

为方便读者更好地把握新型储能政策发展趋势、更好地理解本书作者所表达的观点、对市场作出更加合理的判断，本书在附录中节选了近年来学术界和产业界公认的、对推动新型储能发展特别是参与电力市场有重要意义的国内里程碑性政策（全文或要点摘录），供读者自行查阅。这些政策包括：2021—2023 年国家重要新型储能政策要点汇总、我国部分省份新型储能发展政策要点汇总、国内新型储能参与电力市场探索代表性政策。

全书围绕面向新型电力系统的储能与电力市场的关系展开讨论，力争从政策研究和产业实践结合的角度去阐述新型储能发展过程中不同于其他新能源形态的商业现象和政策激励作用，并结合市场效果给出了清晰的学术模型。当前，我国及全球主要新型储能市场的政策体系都在加速构建，并随市场变化而新制或调整、优化，尽管作者做了最大努力去追踪、适应市场和政策、形势的变化，但由于时间仓促和作者水平所限，本书中的观点表述及引用等方面难免存在疏漏或不妥之处，恳请广大读者批评指正。

目　　录

第1章 我国新型储能产业发展概况

1

电网企业应当加强电网建设，扩大可再生能源配置范围，发展智能电网和**储能技术**，建立节能低碳电力调度运行制度。

——国家能源局《中华人民共和国能源法（征求意见稿）》，2020 年

推动新型储能多元化发展，**强化促进新型储能并网和调度运行的政策措施**。

——国家能源局《2024 年能源工作指导意见》，2024 年

1.1 新型储能和新质生产力

1.1.1 新型储能的内涵

1. 新型储能的概念

2021 年 7 月 28 日，时任国家能源局能源节约和科技装备司二级巡视员刘亚芳在国家能源局例行新闻发布会上解读《关于加快推动新型储能发展的指导意见》（发改能源规〔2021〕1051 号）时指出："新型储能是指除抽水蓄能外，以输出电力为主要形式的储能"。随后，在多个重要场合，她又进一步阐述："储能技术能够实现能量的时空转移和转化""加快发展新型储能，已成国际国内基本共识"。储能技术总体可以分为物理储能和化学储能两大类。物理储能主要包

括抽水蓄能、压缩空气、飞轮储能、重力储能等；化学储能主要包括锂离子电池、矾液流电池、铁铬液流电池、钠离子电池以及氢（氨）储能等。与抽水蓄能相比，新型储能选址灵活、建设周期短、响应快速灵活、功能特性多样，正日益广泛地嵌入电力系统源、网、荷各个环节，深刻地改变着传统电力系统的运行特性，成为电力系统安全稳定、经济运行不可或缺的配套设施，未来还将彻底颠覆能源电力系统的发展结构和电力运营格局。

2. 新型储能能力建设内涵

根据《国家发展改革委国家能源局关于加强电网调峰储能和智能化调度能力建设的指导意见》，与电力系统相关的新型储能能力建设重点包括以下四个方面的内容：

1）推进电源侧新型储能建设。鼓励新能源企业通过自建、共建和租赁等方式灵活配置新型储能，结合系统需求合理确定储能配置规模，提升新能源消纳利用水平、容量支撑能力和涉网安全性能。对以沙漠、戈壁、荒漠地区为重点的大型新能源基地，合理规划建设配套储能并充分发挥调节能力，为支撑新能源大规模高比例外送、促进多能互补发展发挥更大作用。

2）优化电力输、配环节新型储能发展规模和布局。在电网关键节点，结合系统运行需求优化布局电网侧储能，鼓励建设独立储能，更好发挥调峰、调频等多种调节功能，提升储能运行效益。在偏远地区和输变电站址资源紧张地区，合理建设电网侧储能，适度替代输变电设施。

3）发展用户侧新型储能。围绕大数据中心、5G 基站、工业园区等终端用户，依托源网荷储一体化模式合理配置用户侧储能，提升用户供电可靠性和分布式新能源就地消纳能力。探索不间断电源、电动汽车等用户侧储能设施建设，推动电动汽车通过有序充电、车网互动、换电模式等多种形式参与电力系统调节，挖掘用户侧灵活调节能力。

4）推动新型储能技术多元化协调发展。充分发挥各类新型储能的技术经济优势，结合电力系统不同应用场景需求，选取适宜的技术路线。围绕高安全、大容量、低成本、长寿命等要求，开展关键核心技术装备集成创新和攻关，着力攻克长时储能技术，解决新能源大规模并网带来的日以上时间尺度的系统调节需求。探索推动储电、储热、储冷、储氢等多类型新型储能技术协调发展和优化配置，满足能源系统多场景应用需求。

源网荷各侧新型储能应用场景如图 1-1 所示。

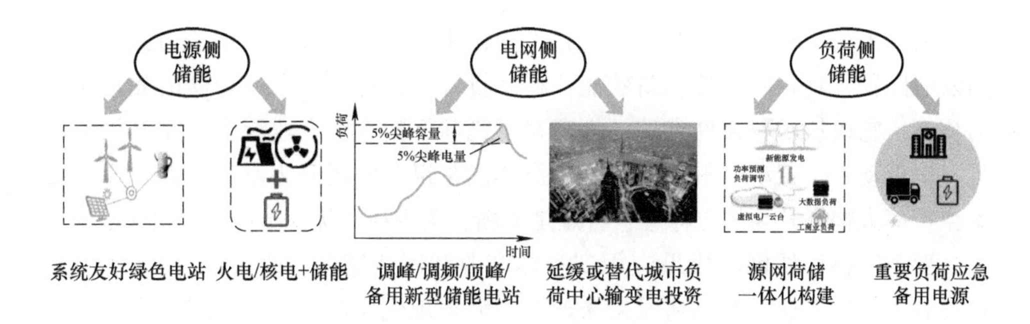

图 1-1　源网荷各侧新型储能应用场景

1.1.2　新型电力系统的内涵

2021 年，习近平总书记在中央财经委员会第九次会议上提出“构建以新能源为主体的新型电力系统”这一重大能源战略部署。根据 2023 年 6 月 2 日国家能源局组织发布的《新型电力系统发展蓝皮书》，新型电力系统是以确保能源电力安全为基本前提，以满足经济社会高质量发展的电力需求为首要目标，以高比例新能源供给消纳体系建设为主线任务，以源网荷储多向协同、灵活互动为有力支撑，以坚强、智能、柔性电网为枢纽平台，以技术创新和体制机制创新为基础保障的新时代电力系统，是新型能源体系的重要组成部分和实现“双碳”目标的关键载体。安全高效是构建新型电力系统的基本前提，清洁低碳是构建新型电力系统的核心目标，柔性灵活是构建新型电力系统的重要支撑，智慧融合是构建新型电力系统的必然要求。

新型电力系统重点实现以下四个转变：

1）功能定位由服务经济社会发展向保障经济发展和引领产业升级转变。

2）供给结构以化石能源发电为主体向新能源提供可靠电力支撑转变。

3）系统形态由“源网荷”向“源网荷储”转变，电网多种新型技术形态并存。

4）调控运行模式由源随荷动向源网荷储多元智能互动转变。

1.1.3　新质生产力的内涵

2023 年 9 月，习近平总书记在黑龙江考察调研时首次提出“新质生产力”这一概念。根据习近平总书记关于发展新质生产力的重要论述，发展新质生产力是推动高质量发展的内在要求和重要着力点，必须继续做好创新这篇大文章，推动新质生产力加快发展。

概括地说，新质生产力是创新起主导作用，摆脱传统经济增长方式、生产力发展路径，具有高科技、高效能、高质量特征，符合新发展理念的先进生产力质态。它由技术革命性突破、生产要素创新性配置、产业深度转型升级而催生，以劳动者、劳动资料、劳动对象及其优化组合的跃升为基本内涵，以全要素生产率大幅提升为核心标志，特点是创新，关键在质优，本质是先进生产力。

要及时将科技创新成果应用到具体产业和产业链上，改造提升传统产业，培育壮大新兴产业，布局建设未来产业，完善现代化产业体系。绿色发展是高质量发展的底色，新质生产力本身就是绿色生产力。必须加快发展方式绿色转型，助力碳达峰碳中和。积极培育新能源、新材料、先进制造、电子信息等战略性新兴产业，积极培育未来产业，加快形成新质生产力，增强发展新动能。

2024年的政府工作报告中提出，大力推进现代化产业体系建设，加快发展新质生产力。

1.1.4 新型储能和新型电力系统、新质生产力的关系

1. 储能正成为构建新型能源体系、新型电力系统的核心要素之一

“十四五”以来，国家从政策上持续加码（见附录A），特别是从顶层架构上引导并逐渐明确储能的市场地位，不断推动新型储能技术产业和应用的进步。

《“十四五”现代能源体系规划》中将“加快新型储能技术规模化应用”作为推动构建新型电力系统的主要内容之一，将“引导支持储能设施、需求侧资源参与电力市场交易，促进提升系统灵活性”作为建设现代能源市场的重要内容。特别提到要建立新型储能价格机制，完善电力辅助服务市场机制，丰富辅助服务交易品种，推动储能设施、虚拟电厂、用户可中断负荷等灵活性资源参与辅助服务，研究爬坡等交易品种。

《“十四五”新型储能发展实施方案》明确指出：新型储能是构建新型电力系统的重要技术和基础装备，是实现碳达峰碳中和目标的重要支撑，也是催生国内能源新业态、抢占国际战略新高地的重要领域。该方案提出：加快推进电力市场体系建设，明确新型储能独立市场主体地位，营造良好市场环境；研究建立新型储能价格机制，研究合理的成本分摊和疏导机制；创新新型储能商业模式，探索共享储能、云储能、储能聚合等商业模式应用。

《新型电力系统发展蓝皮书》中将“加强储能规模化布局应用体系建设”作为一项重点任务。指出：结合电力系统实际需求，统筹推进源网荷各侧新型储能多应用场景快速发展。发挥新型储能支撑电力保供、提升系统调节能力等重

要作用，积极拓展新型储能应用场景，推动新型储能规模化发展布局。推动新型储能与电力系统协同运行，全面提升电力系统平衡调节能力。建立健全调度运行机制，充分发挥新型储能电力、电量双调节功能。推动电化学储能、压缩空气储能等新型储能技术规模化应用。

《国家发展改革委国家能源局关于加强电网调峰储能和智能化调度能力建设的指导意见》明确指出：储能是提升电力系统调节能力的主要举措之一，是推动新能源大规模高比例发展的关键支撑，是构建新型电力系统的重要内容。

2. 新型储能是新质生产力

习近平总书记多次指出：整合科技创新资源，引领发展战略性新兴产业和未来产业，加快形成新质生产力。

2023 年 8 月 23 日，工业和信息化部等四部门印发了《新产业标准化领航工程实施方案（2023—2035 年）》（工信部联科〔2023〕118 号），新能源（含光储发电系统）位列八大聚焦的新兴产业之一，新型储能位列九大聚焦的未来产业之一。

2024 年全国两会期间，全国政协委员、国家能源局局长章建华接受专访时指出：在能源领域，发展新质生产力的新动能关键在于持续推动新能源和可再生能源高质量跃升发展。提出将“加强新型调节性电源建设”作为重点任务之一来做：根据各地电力供需形势、调节资源和新能源发展情况，统筹谋划灵活性煤电、抽水蓄能、新型储能、光热发电等调节资源发展。

2024 年 3 月 10 日，在第十四届中国国际储能大会暨展览会上，国家能源局科技司原副司长刘亚芳指出：新型储能和风光发电、人工智能、大模型一样，都是典型的新质生产力。

2024 年 3 月 20 日，政协第十四届全国委员会常委、中国电动汽车百人会副理事长、中国科学院院士欧阳明高在由科学技术部、中国工程院、清华大学联合主办的长城工程科技会议上做《面向新质生产力的前沿科技展望：新能源》发言，将新型储能纳入“新能源系统集成技术”这一新质生产力的范畴。

1.2 新型储能产业发展概况

1.2.1 全球新型储能产业现状概述

全球新型储能市场已经连续多年保持高速增长，已经形成了较大的产业规模。中国化学与物理电源行业协会储能应用分会最新统计数据显示，2023 年全球储能累计装机容量约294.1GW，其中，新型储能累计装机容量约88.2GW，占比为30.0%；抽水蓄能累计装机容量约201.3GW，占比为68.4%；蓄冷蓄热累计装机容量约4.6GW，占比为1.6%。2023年全球新型储能新增装机容量中，各技术路径占比情况为：锂离子电池占比为92.7%，压缩空气储能占比为1.4%，飞轮储能占比为0.4%，液流电池占比为1.7%，钠离子电池占比为1.7%，铅蓄电池占比为2.0%。

展望2024年，TrendForce集邦咨询预计，2024年全球储能新增装机容量有望达71GW/167GWh，同比增长36%/43%，保持高速增长。

1.2.2 我国新型储能产业现状概述

“十四五”以来，工业和信息化部、国家能源局等行业、产业主管部门一直不遗余力地培育和壮大新型储能市场。工业和信息化部制定实施了“十四五”工业绿色发展规划，工业领域的碳达峰实施方案等相关规划，以及工业能效提升行动等具体实施政策，全面推进工业绿色低碳发展。特别是在推进储能和新能源新型产业发展方面，积极构建绿色低碳的工业用能结构，培育形成了一批具有全产业链竞争的优势产业，新能源汽车、锂电池、光伏板等新三样产品，2023年出口突破万亿元大关，同比增长近30%，有力支撑了全球清洁能源和绿色低碳的发展。

据国家能源局2024年第一季度公布的信息，为推动新型储能技术的产业化、规模化及市场化发展，国家能源局已在2020年和2023年先后批准了总计64个新型储能项目示范，涵盖锂离子电池储能、压缩空气储能、液流电池储能、重力储能、飞轮储能等十大技术路线。

截至2023年底，全国已建成投运新型储能项目累计装机规模达3139万kW/6687万kWh，相当于1.4个三峡水电站的装机容量，平均储能时长2.1h，可以满足2000万户居民的用电需求。2023年新增装机规模约2260万kW/4870万kWh，较2022年底增长超过260%，近10倍于“十三五”末的装机规模。这些数字还在不断刷新，2024年，广东储能项目的备案数量同比增长超5倍；江苏将有400万kW新型储能并入国家电网，以满足电力保供及电网调节需求。新型储能激增的最主要因素是我国风光发电发展的突飞猛进。从投资规模来看，“十四五”以来，新增新型储能装机直接推动经济投资超1000亿元，带动产业链上下游进一步拓展，成为我国经济发展“新动能”。

2024年3月10日，在第十四届中国国际储能大会上，中国化学与物理电源行业协会秘书长王深泽表示：2024 年，中国新型储能产业的全球化进程将进一步转入快速、深入、大规模的发展阶段。已有 25 个省（区、市）规划了“十四五”期间的新型储能装机目标及具体规划，到 2025 年，预计新型储能装机目标将达到 67.85GW。

1.3　我国新型储能参与电力市场的概况和发展展望

随着电力市场改革的推进，我国已经建立起以电力中长期市场为主，电力现货市场、辅助服务市场、容量补偿机制基本成型的电力市场体系。同时，电力中长期市场、电力现货市场、辅助服务市场的完善也不断为储能开辟应用场景。新型储能真正融入电力市场需要“新型储能”和“电力市场”双向发力，这是当前阶段“政、产、学、研”界共同面对的新能源课题。

习近平总书记关于发展新质生产力的重要论述指出：生产关系必须与生产力发展要求相适应。发展新质生产力，必须进一步全面深化改革，形成与之相适应的新型生产关系。要深化经济体制、科技体制等改革，着力打通束缚新质生产力发展的堵点卡点，建立高标准市场体系，创新生产要素配置方式，让各类先进优质生产要素向发展新质生产力顺畅流动。这为如何界定我国新型储能的市场定位，赋予其相应的角色，更好地发挥新质生产力作用，支撑我国新型能源体系建设提供了根本遵循。

1.3.1　新型储能参与电力市场国家层面课题研究

国家从新型储能示范阶段就开始广泛征求产学研各界意见或汲取国外先进经验，先期开展储能参与电力市场的软课题研究。2022 年，国家能源局科技司公告就储能研究课题“新型储能参与电力市场的国内外对比研究”公开征集承担单位，为最终利好各方的政策出台做提前准备。内容包括：总结国外新型储能参与电力市场相关经验，研究新型储能参与电力市场的准入条件、定价方式、出清结算机制、输配电价机制、收益评估方法，明确新型储能参与市场的相关策略，提出相关市场机制优化的政策建议。探索新型储能同时参与多个市场的可行性。同步发布的储能研究课题“储能在新型电力系统中应用场景及成本补偿机制研究”，其研究内容包括：围绕不同储能应用场景，结合多种储能技术特性，研究确定相应商业模式，提出价格及产业、财政补贴、金融等方面政策建议。

1.3.2 新型储能参与电力市场现行实践探索概况和发展路径

1. 新型储能产业发展与定位的偏离

尽管我国新型储能产业发展取得了巨大进步，但一直没能形成从“大”到“强”的可持续发展优势，未完全发挥其预设的历史定位作用。2021年4月，国家发展改革委、国家能源局已在《关于加快推动新型储能发展的指导意见（征求意见稿)》中提出，到2025年，实现新型储能从商业化初期向规模化发展转变，装机规模达3000万kW以上。和2023年底的实际数据对比，仅从装机规模上来看，我国新型储能已提前完成上述文件提到的2025年装机规模达3000万kW的目标，但刘亚芳在第十四届中国国际储能大会《从新质生产力视角看储能产业发展》主题报告中指出：目前超过3000万kW的新型储能装机规模，与文件中的3000万kW目标是不可比的。因为大量已建成新型储能项目调用率有待提升，部分项目由于多方原因暂时没有并网，未能发挥应有作用。而实施方案目标指的是实际为电力系统提供灵活性调节能力补充的新型储能。规模高速增长的同时，储能“建而不用或少用”成为投资主体特别是大型储能投资、运营商共同面临的难题。

上述新型储能的定位既包括了社会对电源侧储能利用率不足的担忧，也包括了对电网侧储能的角色期待，但电源侧和电网侧新型储能利用率低源于其面临的不同环境因素，归根结底源于在我国国情下对其定位认识的不统一。如不及时纠正，有可能会影响产业健康发展。如：对于“新能源配储”，最早见于2017年青海省发展改革委印发的《青海省2017年度风电开发建设方案的通知》强制配储：要求列入规划年度开发的风电项目按照规模的10%配套建设储电装置。但根据国家发展改革委、国家能源局于2021年7月29日发布的《关于鼓励可再生能源发电企业自建或购买调峰能力增加并网规模的通知》（发改运行〔2021〕1138号)，国家层面的态度是鼓励、自愿而非强制：在电网企业承担风电和太阳能发电等可再生能源保障性并网责任以外，仍有投资建设意愿的可再生能源发电企业，鼓励在自愿的前提下自建储能或调峰资源增加并网规模；对按规定比例要求配建储能或调峰能力的可再生能源发电企业，经电网企业按程序认定后，可安排相应装机并网。

《关于鼓励可再生能源发电企业自建或购买调峰能力增加并网规模的通知》出台后，并未能扭转“强制配储”的局面，从2021年至2023年7月，全国已有24个省（区、市）发布文件要求强制配储。从实际运行效果看，据中国电力企业联合会（简称中电联）统计，2022年电源侧储能中新能源配储运行情况远低于火电配储，平均运行系数仅为0.06（日均运行1.44h、年运行525h）。相比之下，用户侧储能平均运行系数最高，达到0.32（日均运行7.67h，年运行2800h）；电源侧储能中独立储能运行情况与电网侧储能平均水平基本一致，平均运行系数为0.13（日均运行3.03h，年运行1106h）；2023年，新能源配储平均运行系数提升至0.09（日均运行2.18h），工商业配储平均运行系数由2022年的0.40提升至0.59（日均运行14.25h），火电配储平均运行系数由2022年的0.33提升至0.48，独立储能平均运行系数为0.11（日均运行2.61h）。新能源配储日均运行小时虽然较上一年有所提高，但仍然不具备经济性，而且远低于用户侧储能，也低于电网侧储能。中国化学与物理电源行业协会储能应用分会秘书长刘勇则表示：由于缺乏合理的调度机制和电价疏导机制，新能源强制配储没有经济性。在第十一届储能国际峰会暨展览会上，华能集团发展管理处副处长田龙虎表示：新能源强配储能带来的问题主要有两方面，一是成本增加，二是资源浪费；从现有利用系数看，装机规模最大的电源侧储能反而利用率最低。华能清洁能源研究院储能技术部主任刘明义表示：目前发电集团风、光项目配储能，储能实际的经济性贡献几乎为零，配了储能后，收益率普遍降低1个百分点以上。毕马威2023年3月发布的《新型储能助力能源转型》报告中也指出，当前新能源企业配储成本主要由企业自身承担，初始投资显著增加。

2023年9月16日，中国工程院院士刘吉臻在2023全球能源转型高层论坛上作了题为《新型储能与新型电力系统》的主题报告，指出：从近期、长期、远期来看，明确储能的定位尤为重要。在电源侧，储能要能够促进新能源的大规模开发和消纳，沙戈荒新能源基地配备电化学储能是必要的，但要弄清楚配比和使用方式；在电网侧，希望储能能够支撑电网安全稳定运行，支撑电力保供、提升系统调节能力、应急备用、延缓输配电设备投资、提高电网运行稳定水平；在负荷侧，则希望储能能够保障用户灵活高效用电。目前，储能在需求侧的应用要远远好于电网侧和电源侧。**“风光配储”这个路径肯定不是最优路径。**

因此，政府和产业界在宏观层面亟需对照、回应“新型储能的能源商品属性”和各方对发展新型储能“用以支撑新能源开发和新型电力系统稳定运行”这一最初的定位。

2. 新型储能在新能源和新型电力系统发展中的定位

电源侧和电网侧新型储能的科学定位可溯源到《关于加快推动新型储能发

展的指导意见》：

电源侧新型储能定位：结合系统实际需求，布局一批配置储能的系统友好型新能源电站项目，通过储能协同优化运行保障新能源高效消纳利用，为电力系统提供容量支撑及一定调峰能力。充分发挥大规模新型储能的作用，推动多能互补发展，规划建设跨区输送的大型清洁能源基地，提升外送通道利用率和通道可再生能源电量占比。

电网侧新型储能定位：通过关键节点布局电网侧储能，提升大规模高比例新能源及大容量直流接入后系统灵活调节能力和安全稳定水平。在电网末端及偏远地区，建设电网侧储能或风光储电站，提高电网供电能力。围绕重要负荷用户需求，建设一批移动式或固定式储能，提升应急供电保障能力或延缓输变电升级改造需求。

2024 年 1 月 25 日，国家能源局能源节约和科技装备司副司长边广琦在国家能源局举行的新闻发布会上表示：新型储能日益成为我国建设新型能源体系和新型电力系统的关键技术，培育新兴产业的重要方向及推动能源生产消费绿色低碳转型的重要抓手。同月 27 日，《国家发展改革委国家能源局关于加强电网调峰储能和智能化调度能力建设的指导意见》再次强调了储能作为提升电力系统调节能力的主要举措之一、推动新能源大规模高比例发展关键支撑之一的定位。

3. 新型储能补贴政策趋于完善，市场运行盈利机制尚未形成

长期以来，我国新型储能的价格政策主要聚焦于新型储能补贴方面，已经建立起基本完善的政策框架（见表 1-1），有效地支撑了新型储能产业孵化或培育阶段或商业化初期的发展。

尽管从《关于加快推动新型储能发展的指导意见》到《关于进一步推动新型储能参与电力市场和调度运用的通知》，再到《新型电力系统发展蓝皮书》，都指出持续深化电价改革，推动各类电源、储能、用户积极参与市场，加快构建起有效反映电力供需状况、功能价值、成本变化、时空信号和绿色价值的市场化电价形成机制，但根据市场调研和政府、相关机构统计，目前，大多数新质生产力技术的产业化应用，尚缺乏针对性成本价格政策或市场回报机制，储能也是如此，特别是电源侧配储。储能行业具有高度价格敏感性，从实际运行效果来看，当前我国新型储能盈利状况不佳。以 2023 年为例，储能系统中标价格整体呈现下跌趋势，持续未见收敛，并在 2023 年 11 月底刷新历史最低纪录。而且市场上可复制的储能盈利模式欠缺，最直观的体现就是作用有限、利用率

表 1-1　我国各地储能补贴政策（按发布时间倒排，截至 2024 年 1 月，非完全统计）

我国各地储能补贴政策（按时间排序）							
省　份	发文单位	发布时间	文件名称	政策内容	补贴标准	补贴类型	最高额度/万元
四川	成都经济和信息化局	2024/1/5	《成都市优化能源结构促进城市绿色低碳发展政策措施实施细则（试行）》	对 2023 年以来新建投运的储能项目（抽水蓄能项目除外），年利用小时数不低于 600h 的，按照储能设施每年实际放电量，给予 0.3 元/kWh 运营补贴，装机规模 5 万 kW 以下的、5 万 kW（含 5 万 kW）至 10 万 kW 以下的、10 万 kW（含）以上的项目年度最高补贴分别为 500 万元、800 万元、1000 万元，连续补贴三年	放电量 0.3 元/kWh	运营补贴	1000
广东	广州市白云区政府	2023/12/27	《广州市白云区促进新型储能产业高质量发展若干措施（试行）（征求意见稿）》	鼓励支持在交通、工商业等领域采用“储能+综合智慧能源模式”，对采用光伏、储能、氢能、充电桩、智慧能源管理等两种以上且装机容量超过 1MW 及以上的用户侧新型储能项目，自并网投运次月起按放电量给予投资主体不超过 0.2 元/kWh 扶持，连续扶持不超过 2 年，同一项目最高不超过 300 万元	放电量 0.2 元/kWh	放电补贴	300

（续）

我国各地储能补贴政策（按时间排序）

省份	发文单位	发布时间	文件名称	政策内容	补贴标准	补贴类型	最高额度/万元
广东	深圳坪山区发改局	2023/12/27	《深圳市坪山区支持新型储能产业加快发展的若干措施（征求意见稿）》	对新型储能领域新产品新应用取得欧洲、东南亚、日韩、北美等海外市场准入认证资质的，按实际发生认证费用的25%，给予一次性最高100万元支持本项年度最高资助500万元	/	/	500
	广州市发展改革委	2023/12/21	《支持新型储能产业高质量发展若干措施》	对列入国家发展改革委或国家能源局试点示范项目的，每个项目给予最高1000万元奖励，对列入广东省发展改革委或广东省能源局试点示范项目的，每个项目给予最高500万元奖励	/	示范奖励	1000
浙江	杭州市财政局	2023/12/12	《杭州市新能源电动汽车公共充电设施奖励补贴资金分配文施细则》	配置储能的公用充电设施可获得补贴。根据建设补贴中报规则，申请项目新建总功率不低于480kW，配备储能设施功率不低于72kW根据补贴规则，配备储能的充电设施最高可以获得480元/kW补贴	/	建设补贴	/

（续）

我国各地储能补贴政策（按时间排序）							
省　份	发文单位	发布时间	文件名称	政策内容	补贴标准	补贴类型	最高额度/万元
浙江	嘉善县发展和改革局	2023/12/6	《推动新能源产业高质量发展若干意见（征求意见稿）》	对于新建装机容量 1MW 以上并纳入县级电力负荷管控管理中心统一调控的用户侧新型储能项目，按照项目放电额定功率 0.3 元/W 给予一次性建设补助，最高不超过 100 万元；对采购本地产储能电芯或电池的，额外再按照放电额定功率给予 0.15 元/W 的增补奖励	放电额定功率 0.3 元/W	建设补贴	100
广东	深圳龙岗区人民政府	2023/12/1	《龙岗区支持产业发展若干措施》	对获得上级部门扶持的储能、光伏、核能、安全节能环保领域应用示范项目，不超过市级主管部门资助到账资金的 50% 给予配套扶持，最高不超过 500 万元	/	扶持资金	500
	广州市黄埔区工业和信息化局	2023/11/30	《促进新型储能产业高质量发展的若干措施实施细则的通知》	对本措施有效期内在本区范围内建设、并网且装机容量达 1MW 及以上的新型储能电站，对 2023 年、2024 年投运的储能电站按放电量给予投资主体不超过 0.2 元/kWh 扶持，补贴期最多 2 年，单个项目最高 300 万元；2025 年投运给予 0.15 元/kWh 扶持；2026 年投运按 0.1 元/kWh 扶持	放电量 0.1~0.2 元/kWh	放电补贴	300

（续）

我国各地储能补贴政策（按时间排序）

省　份	发文单位	发布时间	文件名称	政策内容	补贴标准	补贴类型	最高额度/万元
广东	佛山市南海区人民政府	2023/11/28	《佛山市南海区促进新型储能产业发展扶持办法（征求意见稿）》	扶持资金规模不超过1亿元给予年主营业务收入排名前10位（并列第10位）的新型储能站投资企业运营补贴，按实际放电量给予投资主体0.1元/kWh补贴，单个企业每年补贴不超过100万元	放电量 0.1元/kWh	放电补贴	100
北京	北京市工信局	2023/11/23	《北京市关于支持新型储能产业发展的若干政策措施》	支持在五环外工业厂区、物流园区、数据中心等非人员密集区开展新型储能试点示范。对制造业企业在厂区或所在园区内配置新型储能设施，实现能源高效利用的，按照不超过纳入奖励范围总投资30%的比例，给予最高3000万元的奖励资金	不超过纳入奖励范围总投资30%	投资补贴	3000
江苏	苏州工业园区	2023/11/20	《2023年苏州工业园区碳达峰专项资金扶持项目公示》	光伏配置储能项目自项目投运后按发电量（放电量）补贴3年，每千瓦时补贴项目投资方0.3元	放电量 0.3元/kWh	放电补贴	/

（续）

我国各地储能补贴政策（按时间排序）							
省　份	发文单位	发布时间	文件名称	政策内容	补贴标准	补贴类型	最高额度/万元
内蒙古	内蒙古能源局	2023/11/18	《内蒙古自治区独立新型储能电站项目实施细则（暂行）》	纳入示范项目的电网侧独立储能电站享受容量补偿，按放电量补偿上限 0.35 元/kWh，补偿期 10 年。补偿所需资金暂由发电侧电源企业分摊（不包括分散式分布式电源、光伏扶贫电站）。电源侧独立储能电站不享受容量补偿	放电量 0.35 元/kWh	放电补贴	/
江苏	溧阳市人民政府	2023/11/14	《溧阳市“制造经济”专项资金管理办法（征求意见稿）》	对于实际投运的分布式储能项目，按照实际放电量给予储能运营主体 0.8 元/kWh 补助，补贴 2 年放电量，每年最高不超过 100 万元。对业内知名企业来溧投资，经统一规划、建设和运营的分布式光伏发电和储能项目，给予投资主体 0.1 元/kWh 补助，补贴项目一年发电量，每年最高不超过 500 万元	放电量 0.8 元/kWh 投资补贴 0.1 元/kWh	放电补贴、投资补贴	放电补贴最高 100 万元、投资补贴最高 500 万元
浙江	衢州市人民政府	2023/10/24	《衢州市实施促进民营经济高质量发展的若干举措》	支持符合条件的企业开展用户侧储能等新能源项目，在 2024 年迎峰度夏前投运的，给予 150 元/kW 补助，2025 年迎峰度夏前投运的，给予 120 元/kW 补助	2024 年迎峰度夏前投运，按 150 元/kW 补助；2025 年迎峰度夏前投运按 120 元/kW 补助	运营补贴	/

（续）

我国各地储能补贴政策（按时间排序）

省份	发文单位	发布时间	文件名称	政策内容	补贴标准	补贴类型	最高额度/万元
浙江	余姚市发展和改革局余姚市财政局	2023/10/12	《关于推动产业高质量发展的若干政策意见》	支持符合条件的企业开展用户侧储能等新能源项目，在2024年迎峰度夏前投运的，给予150元/kW补助，2025年迎峰度夏前投运的，给予120元/kW补助	/	运营补贴	50
广东	东莞市发展和改革局	2023/10/11	《东莞市新型储能产业高质量发展专项资金管理办法》	不小于2MWh的用户侧新型储能示范项目，按放电量给予投资主体0.3元/kWh的事后资助，补贴累计不超过2年，单个项目累计补贴不超过300万元	放电量0.3元/kWh	放电补贴	300
	龙门县人民政府办公室	2023/10/8	《龙门县推动新型储能产业高质量发展行动方案》	对年度工业产值10亿元以上，且工业产值增速10%以上的新型储能制造企业按市政策文件给予用电补贴，并对实际固定资产投资10亿元以上的新建和扩建新型储能制造业项目，根据市政策文件给予叠加资助	/	用电补贴	/
	珠海市工信局	2023/9/25	《珠海市促进新型储能产业高质量发展的若干措施（征求意见稿）》	对用户侧新型储能示范项目，自投运次月起按实际放电量给予投资主体不超过0.3元/kWh补贴，补贴累计不超过2年。同一项目补贴累计最高不超过300万元	放电量0.3元/kWh	放电补贴	300

（续）

我国各地储能补贴政策（按时间排序）							
省　份	发文单位	发布时间	文件名称	政策内容	补贴标准	补贴类型	最高额度/万元
江苏	宿迁市人民政府	2023/9/22	《市政府关于印发宿迁市支持新型储能产业发展若干政策措施的通知》	对科技含量高、节能环保优、带动效应强的新型储能重大项目对于当期设备投资超亿元的，在其竣工投产后，按照认定设备投资额给予不超过 10% 的补贴，单个企业最高 2000 万元	投资额 10%	投资补贴	2000
浙江	嵊州市人民政府	2023/9/16	《关于加快推进新能源装备产业高质量发展的实施意见》	给予储能设施投资单位一次性补贴 200 元/kW，单个项目最高不超过 100 万元	一次性投资补贴 200 元/kW	投资补贴	100
江苏	南京市江宁区	2023/9/15	《江宁区新型储能产业集聚区发展规划》	自投运次月起按放电量给予投资主体不超过 0.3 元/kWh 补贴，连续补贴不超过 2 年，同一企业累计最高不超过 300 万元	放电量 0.3 元/kWh	放电补贴	300
重庆	重庆市铜梁区人民政府	2023/9/13	《铜梁区支持新型储能发展八条措施（试行）》	新能源配储 10%/2h 以上的新能源发电企业，每年按新型储能设备投资额 5% 给予补贴，连续补贴 4 年。电网侧独立储能电站，每年按照新型储能设备投资额 5% 给予补贴，连续补贴 4 年。工商业侧年利用小时数不低于 600h 的，按照实际放电量连续 3 年给予 0.5 元/kWh 补贴。同时新建光伏设施，按光伏实际发电量，连续 3 年给予 0.5 元/kWh 补贴，两项补贴金额累计不超过 1000 万元	投资额 5%、放电量 0.5 元/kWh	放电补贴、投资补贴	1000

（续）

我国各地储能补贴政策（按时间排序）

省　份	发文单位	发布时间	文件名称	政策内容	补贴标准	补贴类型	最高额度/万元
浙江	平湖市人民政府	2023/8/19	《关于促进平湖市能源绿色低碳发展的若干政策意见（试行）》	容量2MWh及以上且累计建设5MWh及以上用户侧典型场景储能项目，按不超过投资额8%给予一次性补助，最高300万元；根据“虚拟电厂”平台统计的响应负荷评价，判断为响应有效的，按平均响应电量给予不高于3元/kWh的补贴	投资额8%、响应补贴3元/kWh	响应补贴、投资补贴	投资补贴最高300万元
广东	佛山市工业和信息化局	2023/8/9	《佛山市促进新型储能应用扶持办法》	每年评选不多于3个新型储能新技术、新产品、新模式示范应用项目，按照储能设施实际投入金额给予项目业主最高10%的事后奖补，单个项目奖补金额不超过300万元。对新建成并网运营且装机规模1MW以上的工商业侧电化学储能项目，按照储能装机容量给予项目业主最高100元/kWh的事后奖补，单个项目奖补金额不超过50万元	投资额8%、容量补贴100元/kWh	投资补贴、容量补贴	投资补贴最高300万元、容量补贴最高50万元
浙江	金华市金东区人民政府	2023/8/2	《金东区加快用户侧储能建设的实施意见》	按负荷响应期间峰段放电量0.25元/kWh给予补贴，负荷响应期为7、8、12、1月份，补贴期自发文之日起至2025年1月31日。补贴资金总额112.5万元，其中2023年度为37.5万元，2024年度和2025年1月为75万元	放电量0.25元/kWh	放电补贴	/

（续）

我国各地储能补贴政策（按时间排序）							
省　份	发文单位	发布时间	文件名称	政策内容	补贴标准	补贴类型	最高额度/万元
广东	五华县人民政府	2023/7/25	《五华县支持新型储能产业加快发展专项政策（再次征求意见稿）》	鼓励新型储能项目加大投资。对新引进的新型储能产业项目，按固定资产实际投入的一定比例进行奖励，自约定开工之日起两年内固定资产投资达到1000万元（含）的，奖励比例为3%；项目固定资产投资额每增加1000万元，奖励比例提高0.5%，单个项目的支持额度最高不超过500万元	投资达到1000万元奖励3%	投资奖励	500
浙江	瓯海区人民政府	2023/7/19	《关于组织开展瓯海区用户侧储能一次性建设补贴、非制造业企业1000kW及以上分布式光伏发电量补贴申报发放工作的通知》	针对2023年6月30日前通过验收并网的，且系统容量在300kWh及以上的用户侧储能项目，按照实际容量给予项目业主0.1元/W的一次性建设补贴，单个项目补贴不超过10万元。非制造业企业在2021年12月1日至2023年12月31日期间建成投运的装机容量在1000kW及以上的分布式光伏项目，按照实际发电量给予0.1元/kWh的补贴，连续补贴两年（含投运当年）	容量0.1元/W、放电量0.1元/kWh	放电补贴、容量补贴	10

（续）

我国各地储能补贴政策（按时间排序）

省份	发文单位	发布时间	文件名称	政策内容	补贴标准	补贴类型	最高额度/万元
江苏	江苏省发展改革委	2023/7/19	《关于加快推动我省新型储能项目高质量发展的若干措施的通知》	2023年至2026年1月的迎峰度夏（冬）期间（1月、7－8月、12月），依据其放电上网电量给予顶峰费用支持，顶峰费用逐年退坡2023年至2024年0.5元/kWh，2025年至2026年1月0.3元/kWh	放电量 0.5元/kWh， 0.3元/kWh	放电补贴	/
广东	佛山市南海区人民政府	2023/7/17	《佛山市南海区促进新型储能产业发展扶持方案（试行）》	三年内建成、并网且符合国家和行业标准的非居民储能项目，固定资产投资总额达500万元及以上，按照建成项目装机容量给予投资方一定的补贴，每个投资方最高补贴150万元。鼓励储能项目在大数据中心、5G基站、充电设施等领域布局，对已完成项目备案且已投运的项目，按总装机容量给予补贴，最高可达25万元	投资额达 500万元 及以上最高 补贴150万元	投资补贴	150
	东莞市发改局	2023/7/7	《东莞市新型储能产业高质量发展专项资金管理办法（征求意见稿）》	不小于4MWh的用户侧新型储能示范项目，按放电量给予投资主体0.3元/kWh的事后资助，补贴累计不超过2年，单个项目累计补贴不超过300万元	放电量 0.3元/kWh	放电补贴	300

（续）

我国各地储能补贴政策（按时间排序）							
省份	发文单位	发布时间	文件名称	政策内容	补贴标准	补贴类型	最高额度/万元
广东	惠州市人民政府	2023/7/7	《推动新型储能产业高质量发展行动方案》	对纳入新型储能示范项目名单的钠离子电池、液流电池、固态电池、氢燃料电池等前沿新型储能应用项目，在项目建成并网后给予事后补助，按项目固定资产投资额比例给予奖励，单个项目最高奖补500万元	/	投资补贴	500
四川	成都市发展改革委	2023/6/27	《关于申报2023年污染治理和节能减碳领域（储能项）市预算内投资项目的通知》	对入选的用户侧、电网侧、电源侧、虚拟电厂储能项目，年利用小时数不低于600h的，按照储能设施规模给予每千瓦每年230元且单个项目最高不超过100万元的市预算内资金补助，补助周期为连续3年	230元/（kW·年）	/	100
广东	广州市黄埔区工业和信息化局	2023/6/20	《广州开发区（黄埔区）促进新型储能产业高质量发展的若干措施的通知》	对装机容量1MW及以上的新型储能电站，自并网投运次月起按放电量给予投资主体不超过0.2元/kWh扶持，连续扶持不超过2年，单个项目最高300万元	放电量0.2元/kWh	放电补贴	300

（续）

我国各地储能补贴政策（按时间排序）							
省　份	发文单位	发布时间	文件名称	政策内容	补贴标准	补贴类型	最高额度/万元
浙江	温州市瓯海区人民政府	2023/6/19	《瓯海区促进新能源产业发展扶持办法》	对2023年6月30日前通过验收并网的，且系统容量在300kWh及以上的用户侧储能项目，按照实际容量给予项目业主0.1元/W的一次性建设补贴，单个项目补贴不超过10万元；对在2021年12月1日至2023年12月31日期间建成投运的分布式光伏和用户侧储能项目，制造业企业按照实际发（放）电量分别给予0.1元/kWh和0.8元/kWh的补贴，连续补贴两年（含投运当年）	发（放）电量0.1元/kWh、0.8元/kWh	建设补贴、发（放）电量	建设补贴最高10万元
广东	深圳市福田区发改局	2023/6/13	《深圳市福田区支持双碳经济高质量发展若干措施》	对已并网投运且实际投入100万元以上的电化学储能项目按照实际放电量，给予不超过0.5元/kWh的支持，每个项目支持期限3年，同一项目支持不超过200万元	放电量0.5元/kWh	放电补贴	200
福建	福建省工信厅	2023/6/9	《全面推进“电动福建”建设的实施意见（2023—2025年）》	推广集中式“光储充检”一体化示范站，对配置储能电池系统额定容量达到800kWh以上，充电桩达到16根以上，单枪最大输出180kW以上的“光储充检”示范站建设给予业主单位单站补助50万元	/	建设补贴、发（放）电量	50

（续）

我国各地储能补贴政策（按时间排序）							
省　份	发文单位	发布时间	文件名称	政策内容	补贴标准	补贴类型	最高额度/万元
北京	朝阳区人民政府	2023/6/1	《关于公开征集朝阳区2023年节能减碳项目的通知》	对储能技术项目给予不超过总投资额20%的补助；对新能源和可再生能源项目（太阳能光热、地热能、风能、生物质能等），给予不超过总投资额30%的补助 对分布式光伏发电项目，按照装机容量，一次性给予1000元/kW的补助	不超过总投资额20%	投资补贴	/
浙江	宁波市海曙区人民政府	2023/5/25	《海曙区节能降耗专项资金管理办法》	对于光伏配置储能的，对储能装机容量进行0.3元/W的一次性补助。单个项目最高补助额不超过50万元	容量0.3元/W	容量补贴	50
广东	东莞市发改局	2023/5/12	《东莞市加快新型储能产业高质量发展若干措施》	自投运次月起，按经核定的实际放电量，给予投资主体0.3元/kWh的事后资助，补贴累计不超2年，单个项目累计补贴不超过300万元	放电量0.3元/kWh	放电补贴	300
广东	深圳市发展改革委	2023/5/8	《2023年战略性新兴产业专项资金项目申报指南（第一批）》	工业园区储能、光储充示范等两个方向按经专项审计核定项目总投资的30%给予事后资助，最高不超过1000万元	投资总额30%	投资补贴	1000
四川	成都市人民政府	2023/5/8	《成都市人民政府办公厅关于进一步支持成都电网建设的实施意见》	构建市级统一储能管理平台，鼓励用户侧和产业园区的新型储能电站建设对年利用小时数达到一定标准的项目，在市级预算内基本建设给予一定支持	/	/	/

（续）

我国各地储能补贴政策（按时间排序）							
省份	发文单位	发布时间	文件名称	政策内容	补贴标准	补贴类型	最高额度/万元
重庆	重庆市发展改革委	2023/5/5	《重庆市能源局关于市政协六届次会议第0190号提案的复函》	对符合条件的独立储能电站项目按150元/kWh给予一次性建设补助。加大产业链供应链布局，安排市工业和信息化领域专项资金15亿元	一次性建设补助150元/kWh	/	/
广东	广东省工信厅	2023/5/3	《关于开展省级促进经济高质量发展专项资金支持电子信息产业方向项目入库的通知》	对符合条件的新型储能产业化项目，不超过已投入产业化费用30%的标准予以补助，同一主体每年只能申报一个项目，奖补资金不超过1000万元	不超过投入产业化费用30%	投资补贴	1000
四川	成都市发展改革委	2023/3/27	《成都市支持制造业高质量发展若干政策措施》	增强企业用能保障。强力推进能源供给结构优化和电力网架结构建设，鼓励企业自建储能设施（含自备发电机组），给予230元/kW建设补贴	230元/kW	建设补贴	/
浙江	温州市人民政府	2023/3/17	《温州市关于推动新能源高质量发展的若干政策》	新型储能项目纳入省级示范项目的，享受3年（按200、180、170元/(kW·年)退坡）补贴政策	/	/	/
天津	天津滨海高新区	2023/3/17	《天津滨海高新区促进新能源产业高质量发展办法》	对在高新区实际投运的储能项目，按照实际放电量给予项目投资方资金补贴，政策有效期内自实际投运起补贴时间最长不超过24个月，补贴标准为0.5元/kWh，单个项目每年补贴不超过100万元	放电量0.5元/kWh	放电补贴	100

（续）

我国各地储能补贴政策（按时间排序）							
省　份	发文单位	发布时间	文件名称	政策内容	补贴标准	补贴类型	最高额度/万元
浙江	杭州市萧山区政府	2023/3/3	《杭州市萧山区电力保供三年行动方案（2022—2024）》	“十四五”期间建成年利用小时数不低于600h的区统调储能项目，给予投资主体容量补贴，按储能功率300元/kW给予投资经营主体一次性补贴	功率补贴一次性300元/kW	功率补贴、容量补贴	/
广东	东莞市人民政府	2023/2/22	《东城街道推动经济高质量发展若干政策（征求意见稿）》	建成投运的总额超500万元用户侧新能源储能项目，按照储能装机规模给予项目投资方100元/kWh的补助，对单个项目的补助额度最高50万元	100元/kWh	装机补贴	50
江苏	苏州工业园区	2023/2/16	《关于征集苏州工业园区光伏和储能项目的通知（2023年第一批次）》	在园区备案实施的光伏配置储能项目，按发电量（放电量）补3年，每千瓦时补贴项目投资方0.3元	放电量0.3元/kWh	发（放）电量补贴	/

（续）

我国各地储能补贴政策（按时间排序）

省份	发文单位	发布时间	文件名称	政策内容	补贴标准	补贴类型	最高额度/万元
安徽	蚌埠市住房和城乡建设局	2023/2/15	《蚌埠市光伏建筑应用试点城市专项资金使用管理办法》	光伏建筑一体化示范项目建筑屋面光伏项目按 200 元/kW 标准给予奖补，建筑立面光伏项目按 300 元/kW 标准给予奖补，储能按 200 元/kW 标准给予奖补，超低能耗、近零能耗示范项目按 500 元/m^2 标准给予奖补；单个示范项目奖补资金 30 万元以内	200 元/kW	建设补贴	30
浙江	海盐县人民政府	2023/2/7	《海盐县贯彻承接落实方案（征求意见稿）》	推进一批储能、新型电力系统示范项目建设，对制造业企业投资 300 万元及以上的新型储能电站，给予实际设备投资的 10%限额 400 万元的一次性补助	实际设备投资 10%	投资补贴	400
江苏	常州市人民政府	2023/1/8	《推进新能源之都建设政策措施》	支持光伏等新能源与储能设施融合发展，对装机容量 1MW 及以上的新型储能电站，自并网投运次月起按放电量给予投资主体不超过 0.3 元/kWh 奖励，连续奖励不超过 2 年	放电量 0.3 元/kWh	放电补贴	/

（续）

我国各地储能补贴政策（按时间排序）							
省份	发文单位	发布时间	文件名称	政策内容	补贴标准	补贴类型	最高额度/万元
广东	深圳市发展改革委	2023/1/19	《深圳市支持电化学储能产业加快发展的若干措施（征求意见稿）》	支持本地燃煤燃气电厂灵活配储，提高电源侧系统调节能力和容量支撑能力。鼓励电网企业在关键节点合理布局储能项目，提升电力安全保障水平和系统综合效率。支持用户侧储能多元化发展，探索大数据中心、5G基站、充电设施（含多功能智能杆）、工业园区等储能融合发展新场景。对先进的储能示范项目给予财政资金支持，项目最高支持力度不超过1000万元	/	财政补贴	1000
安徽	合肥市经济和信息化局	2023/1/19	《关于开展2022年度合肥市进一步促进光伏产业高质量发展若干政策项目申报的通知》	装机容量1兆瓦时及以上的新型储能电站，自投运次月起按放电量给予投资主体不超过0.3元/kWh补贴，连续补贴不超过2年，同一企业累计最高不超过300万元	放电量0.3元/kWh	放电补贴	300

（续）

我国各地储能补贴政策（按时间排序）							
省份	发文单位	发布时间	文件名称	政策内容	补贴标准	补贴类型	最高额度/万元
重庆	重庆两江新区管委会	2023/1/16	《重庆两江新区支持新型储能发展专项政策》	对于备案且建成投运的用户侧储能、分布式光储、充换储一体化等项目，时长不低于2h的按照储能设施装机规模给予200元/kWh的补助，单个项目的补助最高不超过500万元；用户侧储能项目参与削峰填谷需求响应，还可享受补贴，补贴标准为：尖峰负荷削减量×10元/kW/次×重庆市全年电力需求侧响应次数。而且配置储能的用户企业，在有序用电中可享受“免于实施或靠后实施”的优待	200元/kWh	装机补贴、响应补贴	500
浙江	舟山市普陀区人民政府	2022/12/21	《舟山市普陀区清洁能源产业发展专项资金实施管理办法》	对开发建设新型储能项目的企业，每建成投运1个新型储能项目补助资金30万元	/	/	30

（续）

我国各地储能补贴政策（按时间排序）							
省　份	发文单位	发布时间	文件名称	政策内容	补贴标准	补贴类型	最高额度/万元
重庆	重庆市铜梁区经济和信息化委员会	2022/12/25	《铜梁区支持新型储能发展八条措施（试行）》	对我区工商业侧年利用小时数不低于600h的新型储能项目，在项目投产运营后，按照储能设施每年实际放电量，连续3年给予项目投资方0.5元/kWh的资金补贴；如果企业在建设储能设施的同时新建光伏设施，按照光伏设施每年实际发电量，连续3年给予项目投资方0.5元/kWh的补贴。每年光伏设施发电量补贴不超过储能设施放电量补贴。两项补贴金额累计不超过1000万元	发放电量 0.5元/kWh	发（放）电量补贴	1000
内蒙古	内蒙古人民政府	2022/12/19	《支持新型储能发展若干政策（2022—2025年）》	建立市场化补偿机制，纳入自治区示范项目的独立新型储能电站享受容量补偿，补偿上限为0.35元/kWh，补偿期不超过10年	容量 0.35元/kWh	容量补偿	/
广东	肇庆高新区经济贸易和科技局	2022/12/10	《关于进一步明确申报光伏发电、储能和冰蓄冷项目补贴有关事项的通知》	以建成的储能项目总装机容量为基础，按150元/kW的标准确定项目装机容量补贴金额，发放给制造业企业（场地提供方和项目建设方按7∶3比例分配），每个项目（企业）补贴金额，总和不超过100万元	150元/kW	容量补贴	100

（续）

我国各地储能补贴政策（按时间排序）							
省　份	发文单位	发布时间	文件名称	政策内容	补贴标准	补贴类型	最高额度/万元
湖南	长沙市人民政府	2022/11/7	《关于支持先进储能材料产业做大做强的实施意见》	支持企业利用储能电站降低用电成本，按储能电站的实际放电量给予储能电站运营主体0.3元/kWh的奖励，单个企业年度奖励额度不超过300万元；对符合条件的规模以上先进储能材料企业，按上年度用电增量每千瓦时给予0.15元奖励；对新引进且完成固定资产投资1亿元（含）以上的先进储能材料企业按自投产之日起满1年实际用电量的30%进行计算，每千瓦时给予0.15元奖励。单个企业年度奖励额度不超过1000万元	放电量 0.3元/kWh； 用电增量 0.15元/kWh	放电补贴、用电补贴	1000
广东	深圳市发展改革委	2022/10/28	《深圳市关于促进绿色低碳产业高质量发展的若干措施（征求意见稿）》	已并网投运且装机规模1MW以上的电化学储能项目，按照实际放电量给予最高0.2元/kWh的支持，每个项目支持期限3年，资助总额最高300万元	放电量 0.2元/kWh	放电补偿	300
安徽	合肥市经济和信息化局	2022/10/18	《合肥市进一步促进光伏产业高质量发展若干政策实施细则》	对装机容量1兆瓦时及以上的新型储能电站，自投运次月起按放电量给予投资主体不超过0.3元/kWh补贴，连续补贴不超过2年，同一企业累计最高不超过300万元	放电量 0.3元/kWh	放电补贴	300

（续）

我国各地储能补贴政策（按时间排序）

省　份	发文单位	发布时间	文件名称	政策内容	补贴标准	补贴类型	最高额度/万元
浙江	嘉善县人民政府	2022/10/14	《关于推进分布式光伏发展的若干意见》	对实施的光伏发电项目配建储能系统并接受电网统筹调度的（经审批备案且年利用小时数不低于 600h），额外实行一次性储能容量补助，2021 年、2022 年、2023 年补助标准分别为 200、180、170 元/（kW·年），已享受上级补助的项目不再重复补助	一次性储能容量补助	容量补助	/
浙江	温州龙港市人民政府	2022/10/14	《关于进一步推进制造业高质量发展的若干政策》	对于实际投运储能项目，按照实际放电量给予储能运营主体 0.8 元/kWh 的补贴	放电量 0.8 元/kWh	放电补贴	/
江苏	苏州工业园区	2022/8/1	《关于征集 2022 年苏州工业园区光伏和储能项目（第一批）的通知》	光伏配置储能项目自项目投运后按发电量（放电量）补贴 3 年，每千瓦时补贴项目投资方 0.3 元	放电量 0.3 元/kWh	放电补贴	/
山西	太原市政府	2022/6/29	《关于印发太原市招商引资若干措施的通知》	新型储能项目（电化学、压缩空气等）给予补助，建成后，按投资额的 2%补贴，最高不超过 500 万元	投资额的 2%	投资补贴	500

（续）

我国各地储能补贴政策（按时间排序）

省份	发文单位	发布时间	文件名称	政策内容	补贴标准	补贴类型	最高额度/万元
浙江	金华市婺城区	2022/6/27	《关于加快推动婺城区新型储能发展的实施》	对于接受统一调度的调峰项目（年利用小时数不低于600h）给予容量补偿，补偿标准逐年退坡，补贴期暂定3年（按200、180、170元/（kW·年）退坡），按照省级补偿的标准享受省级补偿	/	容量补偿	/
安徽	合肥市政府	2022/6/21	《进一步促进光伏产业高质量发展若干政策》	对装机容量1兆瓦时及以上的新型储能电站，自投运次月起按放电量给予投资主体不超过0.3元/kWh补贴，连续补贴不超过2年，同一企业累计最高不超过300万元	放电量 0.3元/kWh	放电补贴	300
广东	深圳福田区发展和改革局等	2022/6/16	《深圳市福田区支持战略性新兴产业和未来产业集群发展若干措施》	对已并网投运且实际投入100万元以上的电化学储能项目按照实际放电量，给予最高0.5元/kWh的支持，每个项目支持期限为3年，同一项目支持不超过200万元。对冰蓄冷、水蓄冷等其他储能项目，结合节能超市采购额比例，按项目实际建设投入的20%以内，一次性给予最高200万元支持	放电量 0.5元/kWh	放电补贴、投资补贴	200

（续）

我国各地储能补贴政策（按时间排序）							
省　份	发文单位	发布时间	文件名称	政策内容	补贴标准	补贴类型	最高额度/万元
浙江	诸暨市人民政府	2022/6/10	《诸暨市整市推进分布式光伏规模化开发工作方案》	在我市建设新型储能设施的，市财政按 200 元/kWh 给予储能设施投资单位一次性补贴	一次性 200 元/kWh	投资补贴	/
浙江	嘉善县人民政府	2022/5/24	《嘉善县人民政府关于新一轮支持分布式光伏发展的若干意见》	对实施的光伏发电项目配建储能系统并接受电网统筹调度的（经审批备案且年利用小时数不低于 600h），额外实行储能容量补贴，补贴期自 2021 年起暂定 3 年，补偿标准按 200、180、170 元/(kW · 年）逐年退坡，已享受上级补助的项目不再重复补助	/	容量补贴	/
浙江	永康市发展和改革局	2022/5/11	《永康市整市屋顶分布式光伏开发试点实施方案》	非居民用户侧储能项目（年利用小时数不低于 600h），按照储能设施的功率给予补助，补助标准按 150、120、100 元/kW 逐年退坡（省补助标准：调峰项目按 200、180、170 元/kW 退坡，补助期 3 年）	/	功率补助、调峰补贴	/
安徽	芜湖市政府	2022/3/4	《芜湖市人民政府关于加快光伏发电推广应用的实施意见》	自项目投运次月起对储能系统按实际放电量给予储能电站运营主体 0.3 元/kWh 补贴，同一项目年度最高补贴 100 万元	0.3 元/kWh	放电补贴	每年 100

（续）

我国各地储能补贴政策（按时间排序）							
省 份	发文单位	发布时间	文件名称	政策内容	补贴标准	补贴类型	最高额度/万元
江苏	苏州工业园区管理委员会	2022/3/1	《苏州工业园区进一步推进分布式光伏发展的若干措施》	支持光伏项目配置储能设施 2022 年 1 月 1 日后并网，且接入园区碳达峰平台的储能项目，对项目投资方按项目放电量补贴 0.3 元/kWh，补贴 3 年	放电量 0.3 元/kWh	放电补贴	/
浙江	海宁市发展改革委	2021/12/17	《关于加快推动新型储能发展的实施意见（征求意见稿）》	支持引导新型储能通过市场方式实现全生命周期运营。过渡期间，对于接受统一调度的调峰项目（年利用小时数不低于 600h）给予容量补偿，补偿标准逐年退坡，补贴期暂定 3 年（按 200、180、170 元/(kW·年）退坡)，已享受省级补偿的项目不再重复补偿	/	容量补偿	/
浙江	绍兴市柯桥区发展和改革局	2021/12/16	《关于柯桥区整区屋顶分布式光伏开发试点实施方案的公示》	2021 年 1 月 1 日—2025 年 12 月 31 日期间：在柯桥区内投资建设符合分布式光伏 3.0 要求，并通过区发改局验收，接入柯桥区光伏数字化智慧管理平台的非户用光伏项目，根据实际发电量按每千瓦时 0.25 元对项目业主进行补助，补助周期为 5 年，在安装首年一年兑现一次，此后每半年兑现一次。在柯桥区建设非户用分布式光伏项目配套储能设施的，对项目业主按每千瓦时储能能力 100 元发放一次性补助	一次性 100 元/kWh	发电补贴	/

（续）

我国各地储能补贴政策（按时间排序）							
省 份	发文单位	发布时间	文件名称	政策内容	补贴标准	补贴类型	最高额度/万元
浙江	浙江省发展改革委	2021/11/9	《关于浙江省加快新型储能示范应用的实施意见》	过渡期间，调峰项目（年利用小时数不低于600h）给予容量补偿，补偿标准逐年退坡，补贴期暂定3年（按200、180、170元/(kW·年）退坡)	/	容量补偿	/
广东	肇庆高新区管委会	2021/10/6	《肇庆高新区节约用电支持制造业发展的若干措施》	区内企业建设储能、冰蓄冷项目的，建成使用后给予150元/kWh补贴，每个区内企业最高补贴100万元鼓励抽取自来水、冰蓄冷、储能、不固定时间工序等企业工序错峰，将用电高峰时段珍贵的负荷指标让渡给紧急需要的企业。工业企业于低谷时段（0:00—8:00）用电生产的，按产生电费的5%进行补贴；于平段用电生产的，按产生电费的2%进行补贴	150元/kWh	/	100
浙江	义乌市发展和改革局	2021/9/23	《关于推动源网荷储协调发展和加快区域光伏产业发展的实施细则（征求意见稿)》	接受电网统筹调度的储能系统按照峰段实际放电量给予储能运营主体0.25元/kW的补贴，补贴两年；已参与共享储能交易的不再享受此补贴	放电量0.25元/kWh	放电补贴	/

低。中电联 2023 年 11 月发布的《2023 年上半年度电化学储能电站行业统计数据》显示，2023 年上半年我国电化学储能电站平均每 1.7 天完成一次完整充放电，即日均满充满放次数仅为 0.58 次。2024 年 3 月 27 日，在 2024 第二届中国国际储能大会上，中电联发布的《2023 年度电化学储能电站安全信息统计数据》显示，综合全年的数据，我国电化学储能电站日均满充满放次数进一步下降至 0.44 次（2023 年我国电化学储能电站平均等效充放电次数为 162 次，平均出力系数为 0.54，平均备用系数为 0.84）。

综上，目前我国新型储能市场尚未形成稳定的收益模式，盈利水平低、难以形成合理的成本疏导机制是困扰新型储能发展的难题。长期以来“峰谷价差”都是很多地区储能盈利的主要或单一手段，其盈亏平衡点从 2018 年前后至今都稳定在 0.7 元/kWh，新型储能在成长期市场表现不佳。分析上述储能市场表现原因，一方面是国内政策支持缺乏稳定性和连贯性，拉长新型储能回报周期；另一方面是我国新型储能在能量电力市场中的套利机制尚不完善，现货交易价差较小，市场化程度相比欧美较差。我国目前仍处于完善分时电价机制和电力期货市场试点状态，山东等地电力市场现货出清价格上限多为 1300~1500 元/MWh，而澳大利亚 APC 管理价格上限则从 300 澳元/MWh 提高至 600 澳元/MWh（约 3000 元人民币/MWh）。

4. 新型储能参与电力市场的国家层面前期指导性意见

尽管早在 2021 年 7 月 15 日，《国家发展改革委国家能源局关于加快推动新型储能发展的指导意见》（发改能源规〔2021〕1051 号）就已经提出明确新型储能独立市场主体地位、健全新型储能价格机制、健全“新能源+储能”项目激励机制等完善政策机制、营造健康市场环境的指导意见，但直到 2022 年 6 月 7 日，国家发展改革委办公厅、国家能源局综合司面向相关政府部门和国家电网、南方电网、八大发电集团印发了《关于进一步推动新型储能参与电力市场和调度运用的通知》（发改办运行〔2022〕475 号），新型储能参与电力市场才真正进入实操阶段。《关于进一步推动新型储能参与电力市场和调度运用的通知》涉及明确新型储能市场定位、建立完善相关市场机制、价格机制和运行机制等重要内容。**该通知首次从市场运行元素的角度对新型储能参与电力市场的方式进行了系统梳理并就实施路径给予了指导性意见；同时，将储能调度运行机制的指引方向定为：坚持以市场化方式为主优化储能调度运行。**新型储能参与电力市场的方式归纳为：新型储能可作为独立储能参与电力市场、鼓励配建新型储能与所属电源联合参与电力市场、加快推动独立储能参与电力市场配合电网调峰、充分发挥独立储能技术优势提供辅助服务。

《关于进一步推动新型储能参与电力市场和调度运用的通知》有几大突破点对各省份有重大指导意义：同一储能主体可以按照部分容量独立、部分容量联合两种方式同时参与市场；独立储能电站向电网送电的，其相应充电电量不承担输配电价和政府性基金及附加；独立储能提供辅助服务和快速有功响应服务，辅助服务费用按照“谁提供、谁获利，谁受益、谁承担”的原则，由相关发电侧并网主体、电力用户合理分摊；各地研究建立电网侧独立储能电站容量电价机制；探索将电网替代型储能设施成本收益纳入输配电价回收；各地在新版《电力并网运行管理规定》和《电力辅助服务管理办法》基础上，抓紧修订完善本地区适应储能参与的相关市场规则，建立完善储能项目平等参与市场的交易机制。

在上述具有突破意义的指导方针下，各地政府根据本区域实际情况，开始制定本区域地方性政策。但是从实际运行效果来看，由于新型电力系统和电力市场机制太过专业，受限于各地新型储能产业发展基础和主管机构的专业知识储备，各地对该通知整体响应偏慢，出台政策也比较难。山东等省份相对领先，出台了比较切合实际的储能参与市场具体执行政策。总的来说，《关于进一步推动新型储能参与电力市场和调度运用的通知》对独立储能进入电能量市场起到了一定的积极推动作用，而对于辅助服务，主要的进展集中落实在独立储能可以参与调峰、调频两项服务上。

5. 新型储能在电力市场中的政策发展新机遇

2023 年 2 月 22 日，国家标准化管理委员会、国家能源局发布《新型储能标准体系建设指南》的通知，拟出台 205 项新型储能标准，储能迈进规模化发展新阶段。2024 年 2 月 4 日，国家标准化管理委员会印发《2024 年全国标准化工作要点》，提出在新型储能、氢能、安全应急装备等领域超前布局一批新标准，引导产业发展方向，积极培育新业态新模式。2024 年 3 月 5 日，《2024 年政府工作报告》首次把新型储能写入其中，为新型储能发展按下“加速键”。2024 年 3 月 18 日，人民日报发文《技术多元发展，应用场景不断拓展，从试点示范转向规模化商用——新型储能进入大规模发展期（科技视点 · 走近新质生产力③）》，指出随着新型电力系统的加快构建，我国新型储能从试点示范转向规模化商用，迎来快速发展黄金期。受访专家预测 2024 年储能装机将继续快速增长，预计全年新增装机 40GW 以上，我国储能将实现从商业化初期向规模化发展的实质性转变。

2024 年 3 月 23 日，央视 · 朝闻天下《新质生产力一线观察系列报道》详细报道了我国新型储能领域唯一国家制造业创新中心——国家地方共建新型储能制造业创新中心的工作进展，证明新型储能这一新质生产力作为我国经济发展“新动能”的地位正在得到广泛认可，新型储能产业已成为发展新能源战略性新兴产业的重要内容，也是催生能源工业新业态、打造经济新引擎的突破口之一。

由此可见，无论从顶层架构的角度，还是从储能发展的实际水平和对我国新能源战略性新兴产业发展的实际推动作用来看，新型储能已经发展到规模化商用阶段，参与电力市场建设的条件必须尽快完备，以适应新质生产力发展需求和对应生产关系的变革。因此，与之相对应的政策环境建设步伐则需要提速。

6. 新型储能参与电力市场商业模式培育的地方政策基础

近年来，各地密集发布了新型储能发展政策（见附录 B）。特别是进入 2023 年以来，地方政府基于自身产业发展需要，成为主要推动力，率先出台了一系列指导性政策或意见，并形成了一定的执行基础，为国家政策的出台或现行政策的改进提供了重要实践支撑。据国家能源局、中电联、中国能源研究会储能专委会、中国化学与物理电源行业协会储能应用分会、中国节能协会碳中和专业委员会、储能领跑者联盟、中关村储能产业技术联盟、储能与电力市场、中国储能网、储界网、集邦储能、高工产研等机构官网或公众号公开资料不完全统计，2023 年全年，国家发展改革委、工业和信息化部、国家能源局和地方政府主管部门共出台了 657 项储能相关政策，其中国家政策 75 项，地方政策 582 项（尤其以广东、浙江、山东和江苏发布政策数量较多），不乏多个重磅政策，涵盖储能补贴、储能规划、新能源配储、电价与市场交易等各方面。在地方政策中，近 30 个区域发布了 100 余条与储能相关的电力市场政策，包括电力中长期交易政策、现货市场政策、“两个细则”辅助服务政策、调峰/调频辅助服务专项政策、第三方主体参与电力市场相关政策、需求响应相关政策以及储能试点示范/储能发展专项政策，这些政策为储能广泛参与各类电力市场奠定了基础。其中，众多政策都试图理顺“新型储能”与“电力系统调度”的关系，这为“新型储能参与电力市场”从根源上破局定下了相对务实可行的基调。

从《关于进一步推动新型储能参与电力市场和调度运用的通知》之后，国家层面的新型储能参与电力市场的发力政策始终将“新型电力系统调度新型储能”作为一个重点优化点。如 2023 年 10 月 12 日，国家发展改革委、国家能源局《关于进一步加快电力现货市场建设工作的通知》鼓励新型主体参与电力市场。通过市场化方式形成分时价格信号，推动储能、虚拟电厂、负荷聚合商等新型主体在削峰填谷、优化电能质量等方面发挥积极作用，探索“新能源+储能”等新方式。为保证系统安全可靠，参考市场同类主体标准进行运行管理考核。持续完善新型主体调度运行机制，充分发挥其调节能力，更好地适应新型电力系统需求。2023 年 11 月 22 日，国家能源局综合司就《关于促进新型储能并网和调度运用的通知（征求意见稿）》公开征求意见，明确了接受电力系统调度新型储能范围以及并网和调度要求。

区域性政策方面，国家能源局南方监管局作为区域性能源管理机构，在推动区域内新型储能市场化发展方面的作用尤其突出。该局高度重视规划建设新型能源体系，加快新型储能市场建设和政策供给，也将“督促调度机构出台新型电力系统调度新型储能机制”作为新型储能参与电力市场的主攻方向之一。先后通过修订南方区域“两个细则”、建立市场机制引导新型储能参与电能量和辅助服务市场交易，为新型储能明确市场主体定位、参与电力市场交易提供制度保障；加强并网接入监管，督促指导电力调度机构和电网企业研究制定新型储能设施并网调度运行规程和调用标准，协调解决第三方独立储能并网接入问题，确保新型储能并得上、用得好。该局上报的《关于新型储能电站支持政策和有关建议的报告》得到了广东省人民政府有关领导的充分肯定，批示要求加快推动广东新型储能发展。

进入 2024 年，基于 2023 年的全国实践经验，一些区域的探索更贴近市场行为。例如，2024 年 3 月 12 日，陕西省发展改革委、国家能源局西北监管局印发的《陕西省新型储能参与电力市场交易实施方案》中明确：对于独立储能，可参与电力中长期电能量市场、现货电能量市场、辅助服务市场及容量市场的各类交易（含容量补偿机制等）。也可根据市场主体意愿，只选择参加其中一类或几类交易。独立储能参与电能量市场交易具有两种市场角色，在充电时段视同电力用户，在放电时段视同发电企业参与交易。2024 年 3 月 15 日，湖南省发展改革委发布的《关于明确我省电化学独立储能电站充放电价格及有关事项的通知》（湘发改价调〔2024〕7 号）表示：2023 年 6 月 30 日前建成投运的电化学独立储能电站，充电时视同为大工业用户，充电价格执行分时电价政策，其充电电量不承担输配电价和政府性基金及附加，放电价格参照我省燃煤发电基准价 0.45 元/kWh 执行。全省电化学独立储能电站充放电价差资金由省内未落实配储要求的风电、集中式光伏发电企业按照当月实际上网电量分摊，电网企业在其上网电费结算时一并扣除。未落实配储要求的风电、集中式光伏发电企业名单，由省能源局按月向电网企业提供。

7. 国家主管部门推动新型储能参与电力市场的最新行动计划

经过长期酝酿和准备，进入2024年，相关主管部门已经着手从新型储能用能成本疏导、参与调峰、参与配电网和微电网建设等方面破题，压实责任，力求务实有效地解决相关问题。

2024年1月27日，《国家发展改革委国家能源局关于加强电网调峰储能和智能化调度能力建设的指导意见》明确：电网调峰、储能和智能化调度能力建设是提升电力系统调节能力的主要举措，是推动新能源大规模高比例发展的关键支撑，是构建新型电力系统的重要内容。该文件还提出为储能参与电力市场特别是电力现货市场强化市场机制和政策支持保障，压实地方和企业责任。

2024年2月6日，《国家发展改革委国家能源局关于新形势下配电网高质量发展的指导意见》（发改能源〔2024〕187号）明确：建立源网荷储协同调控机制；建立健全新型储能调控制度和调用机制；明确新型储能的市场准入、出清、结算标准，鼓励多样化资源平等参与市场交易；创新拓展新型电力系统商业模式和交易机制，为新型储能开展直接交易创造条件；研究完善储能价格机制；建立健全工作机制，压实各方工作责任。

2024年3月11日，在第十四届中国国际储能大会暨展览会上，工业和信息化部节能与综合利用司节能处处长罗晓丽在致辞中表示：下一步，工业和信息化部将深入实施工业能效提升行动，把发展新型储能产业作为支撑工业绿色微电网建设，全面推动工业绿色低碳发展的重要内容。将“推动完善相关的保障政策”作为重点开展的工作内容：加强部门的协同合作，跟踪产业发展情况，及时调整优化相关的政策措施，合理疏导新型储能的用能成本，创新拓展市场化投资运营的新模式、新机制，促进工业绿色微电网的可持续发展。

2024年3月18日，国家能源局印发的《2024年能源工作指导意见》指出：推动新型储能多元化发展，强化促进新型储能并网和调度运行的政策措施。压实地方企业责任，推动电力需求侧资源参与需求侧响应和系统调节。

2024年有望成为新型储能以平等市场主体地位真正参与电力市场的政策突破年和商用实践元年。

1.3.3 面向新型电力系统的储能与电力市场研究重点

1. 新型储能参与电力市场的政策突破关键点展望

尽管2023年以来，地方政府，联合电网等行业机构已经开始了多方探索，做了大量的工作，出台了一些政策或规范性指引文件，并在逐步明确工商业储能在市场主体中的地位方面取得了一些突破，但从各储能主体的行业总体而言，尚未形成体系，很大程度上延缓了商业模式的成型。例如，从实际运行效果调研来看，独立储能电站虽然在部分地区具备了一定的经济性，但是其容量租赁收入本质上仍是由新能源电站运营商所承担，并未秉承“谁收益，谁承担”的原则，储能电站建设成本付出者与终端受益用户并非同一主体；目前独立储能参与调峰辅助服务还主要依靠政策制定的调峰补偿价格来进行经济性核算，被调用调峰的次数也决定了最终获得的补偿量，调峰辅助服务市场化程度较低。

2024 年 3 月 1 日，在储能行业 2023 年回顾与 2024 年展望大会上，电力规划设计总院能源政策与市场研究院咨询工程师李司陶在主题演讲中提到储能如何在电力市场环境下获得更大发展空间，李司陶强调：要明确市场需求和收益机制，着手提升对电力市场的适应能力，强化市场环境下的项目收益率和估值预测能力，并积极向海外国家学习经验。

2024 年 3 月 18 日，中国科学院工程热物理研究所所长、中国能源研究会储能专委会主任委员陈海生接受《人民日报》专访时表示，对于储能进入电力系统，要建立更加合理的价格机制和市场环境。应从全局的角度来衡量储能的价值，秉持“谁受益、谁承担”的原则，建立发电、电网、用户共同承担的合理储能价格机制。在这种大前提下，需要更高维度的顶层架构和政策引导，促使国家和地方政府联动，市场相关产业链上下游和行业主管（监管）部门携手制定严密、合理、可行的政策体系，加速推动储能获得明确的市场主体地位，破除新型储能参与电力市场的障碍，充分发挥其作为新质生产力推动我国能源领域变革的新动能作用。

2. 我国新型储能进入国内商业化初期的新现象及形势新变化

各省份对新能源强制配储的既成事实造成了“共享储能”这一模式的出现，尤其是在 2023 年，已成为行业瞩目的“新现象”。据中国化学与物理电源行业协会 2024 年 3 月发布的《2024 中国共享储能发展研究报告》显示，按功率规模计算，2023 年共享储能项目新增并网规模 12. 41GW/24. 46GWh，占全年新投运新型储能项目规模的比例已升至 54. 91%，较 2022 年增长了 10. 91%。保守场景下，2024—2028 年共享储能新增规模有望达 60. 64GW，到 2030 年，新增共享储能市场占比达到新增新型储能规模的 85%，累计共享储能装机规模将占到累计新型储能总规模的 65%左右。截至目前，山东、湖南、青海、辽宁、安徽、河南、浙江、山西、云南、甘肃、河北、新疆等超过 15 个省份都已经出台了共享储能相关的政策。中国化学与物理电源行业协会专家判断：共享储能正从试点示范逐步走向工程化、规模化、系统化和产业化，未来将迎来快速发展的黄金期。

共享储能赖以生存的最主要基础是新能源强制配储。目前，国家层面尚未给出共享储能的官方定义，它是储能技术与共享经济理念相结合的一类新型商业模式，将闲置的储能资源在一定时间内以一定价格租赁给需求储能服务的用户；从形式上看，它将原有的1家储能站与1家发电站传统对应关系，拓展为1家储能站对应多家新能源发电站的“1对N”的关系。除了容量租赁之外，共享储能电站还能以独立主体身份直接与电网经营企业签订并网调度协议，纳入电力并网运行及辅助服务管理。因此，共享储能源于对新能源电站强制配储能的政策，但又有区别于新能源强制配储模式的特点。

纵观全国已推行的共享储能运营商业模式，主要分四大类：一是通过向新能源电站提供储能容量租赁获取租赁费；二是通过参与辅助服务获得收益；三是通过参与电力现货市场交易实现峰谷价差盈利；四是通过容量补偿获益。

目前，共享储能在参与电力市场建设和储能价格机制等方面缺乏更明确的政策支持与相关标准体系的制定。业内人士一致认为，亟需通过完善顶层设计来为共享储能提供一个公平、透明的市场环境，以激发其市场活力和增强市场竞争力。

3. 我国新型储能企业大规模“出海”的市场基础和压力

出海已成为我国储能产业发展的关键词，未来出海国际化的核心命题将是在面临属地本土化竞争的同时，快速从简单产品输出过渡到参与当地电力市场规则建设。锂电池已成为我国外贸出口“新三样”之一。2023年全球储能锂电池企业出货量排名前10名中除第9名外都是我国企业，我国储能锂电池出货量占全球总出货量的91.6%。据高工储能不完全统计，2023年1月—11月，包括宁德时代、亿纬锂能、海辰储能、蜂巢能源、远景动力、阳光电源、瑞浦兰钧、鹏辉能源、阿特斯等头部储能系统和电池企业斩获海外订单（含框架协议）超过了150GWh。我国储能产业链已经形成了全球价格竞争力，出海电池相比国内毛利多10%~20%，项目毛利几乎翻倍，而且海外多个地区的储能市场规模一直以来都比肩于国内，在全球能源转型的大背景下，储能出海市场还将继续增长。我国储能也正在扩大海外市场份额优势，电力储能（如阳光电源、比亚迪、天合储能等）、户用储能（如华为、首航、麦田等）、便携式储能（如正浩创新、华宝新能等）等细分领域中，国内集成商在海外市场的占有率逐步提升。因此，在国内市场的激烈内卷的情况下，经历了2022年的出海探索、2023年的成功尝试，2024年众多储能企业已将“出海”视为破局之道。

宁德时代、比亚迪、派能科技、双一力储能等企业已成为中国储能产业在海外市场上的“国家队”，出品的储能产品加速成为海外能源转型、支撑海外电网建设的“重要助力”。随着海外布局的深入和海外国家本土产能逐步落地，我国企业的出货量可能会受到一定影响，与此同时，内卷也将快速蔓延至海外市场。在这种情况下，较早进入出海且已经形成一定优势的企业将不得不从单纯的产品输出或嵌入当地的供应链体系开始转向储能运营，即从产品市场转向电力市场。越早转型的储能公司实际上越有优势，形成正向循环。起步切入市场阶段，选择合理的政策依据，顺势而为往往成为唯一的途径。

我国储能企业“国家队”已经先期探索融入北美和欧洲电力市场的路径并有标杆案例。储能集成商出海北美有三条常规的起步路径：一是直接收购海外储能项目；二是作为总包方垫资建设储能项目；三是直接与当地开发商合作。第三条路径需要给出全套的储能落地实施方案，也需要直接面对终端客户，难度最大。2022年10月，宁德时代和美国光储开发商Primergy签约了储能项目Gemini，项目容量为1.416GWh，成为美国最大的光储项目之一，这间接让宁德时代站稳了北美储能市场的地位。2023年圣诞节前夕，英国国家电网频率瞬间跌落时，在事故发生1s内，在英国门迪运行的多个百兆瓦级电网侧储能系统及时响应，通过参与调频市场，提供动态遏制（DC）、动态缓和（DM）、动态调节（DR）等服务，于毫秒内参与频率响应，助力电网频率5min内恢复到正常范围，避免了大范围的停电事故。除了参与调频市场，积极响应电网调度以外，阳光电源储能系统还可参与英国本地容量市场、嵌入式补贴以及现货和平衡市场的套利交易等，助力获得收益。

要想“出海成功”而且保持持续的竞争力，则需要“出海”的新型储能企业有一定的政策敏感性和实战运用能力，谨慎评价新型储能进入当地的门槛（如北美市场的一些项目要求储能20年质保），合理选择进入的区域市场和地域，根据市场需求、法律要求，兼具风土人情、终端消费习惯，匹配契合的产品和商业模式，并能正确把握电力市场的规则变化，在电网既定标准下融入、参与甚至推动当地电力市场建设，才能最大可能地规避风险，实现利益最大化。另外，及时防范政策变化带来的新风险也很重要。例如，2023年当地时间11月30日，美国联邦政府公布IRA敏感海外实体（FEOC）细则，美国进一步阻止我国动力电池产业链从《通胀削减法案》（IRA）的补贴中受益。在未来，随着美国本土电池产业链进一步发展后，IRA的税收抵免严格趋势是否会扩大到储能相关领域，仍难以预料，需要持续跟踪。

除了“出海”的储能企业，国家电网、国家电投等一些特大型能源企业在海外都有大量在运的输配电设施或新能源项目建设，也需要大量的新型储能广泛发挥支撑作用，需要对当地储能参与电力市场的政策有深刻的理解。

此外，对欧美一些长期以来新能源和储能在用户侧有大量深度融合的场景并鼓励持续扩大规模的国家，我国企业进入相关市场时，很多时候还需要将储能嵌入新能源发展政策中，作为整体考虑。例如，澳大利亚从 2024 年起，已并网的户用光伏在日间电量上网时，不但没有 FIT（Feed-in-Tariff，上网电价，又称可再生能源固定价格收购），反而需要缴纳并网费用，进一步增强了户用光伏配储的需求。

因此，对海外储能政策市场的系统性研究和热点现象的透彻分析，当前正是关键时刻，也尤其彰显了政策研究机构、政策预测从业者或行业研究者的价值。

4. 国外新型储能市场格局和发展潜力

目前美国、东亚、欧洲和澳大利亚引领了全球新型储能市场的发展，合计超过全球市场的 90%。此外，以色列、南非增速表现较为亮眼，成为开展全球化布局的我国储能企业争相进入的新的增量市场。中国、美国是全球第一、二大新型储能市场。英国作为欧洲最为成熟的大型储能市场，近年来政府不断完善政策设计，加速了新型储能在英国的建设布局，在其官方公布的最新版未来能源愿景规划（FES）中，大幅上调了储能装机的短期目标，表现出了极为明显地加速储能部署进度的信号，预计在短期内，英国储能需求或将通过政府出台相应的激励政策进一步推动储能需求增长。日本、韩国可再生能源政策激励也推动了新型储能在当地用户侧的发展。在 200GW 太阳能光伏发展目标带动下，德国新型储能有望在 2024 年位列全球前列。在可再生能源的兴起和政府支持下，澳大利亚也已成为新型储能增速最快的地区之一。

此外，东南亚各国纷纷出台更优惠的储能政策，印度政府发布先进电网规模储能技术战略，并将推动印度能源未来发展。智利、墨西哥、多米尼加、萨尔瓦多等地大型项目的建设，预示着拉美储能迎来拐点，非洲和中东地区的能源应用存储量急剧增加，但上述地区新型储能仍处于发展早期，规模较美国、英国、德国、日本、韩国、澳大利亚等国仍然较小。全球电池储能装机累计容量如图 1-2 所示。

5. 开展新型储能参与电力市场学术研究的必要性和切入点

现阶段系统性地开展新型储能参与电力市场政策和商业化应用研究，并建立一套行之有效的市场运行规则模型，提出政策建议，无论对于国内新型储能市场的持续繁荣，还是国外新型储能市场的落地生根，都极具理论和实践重要意义。

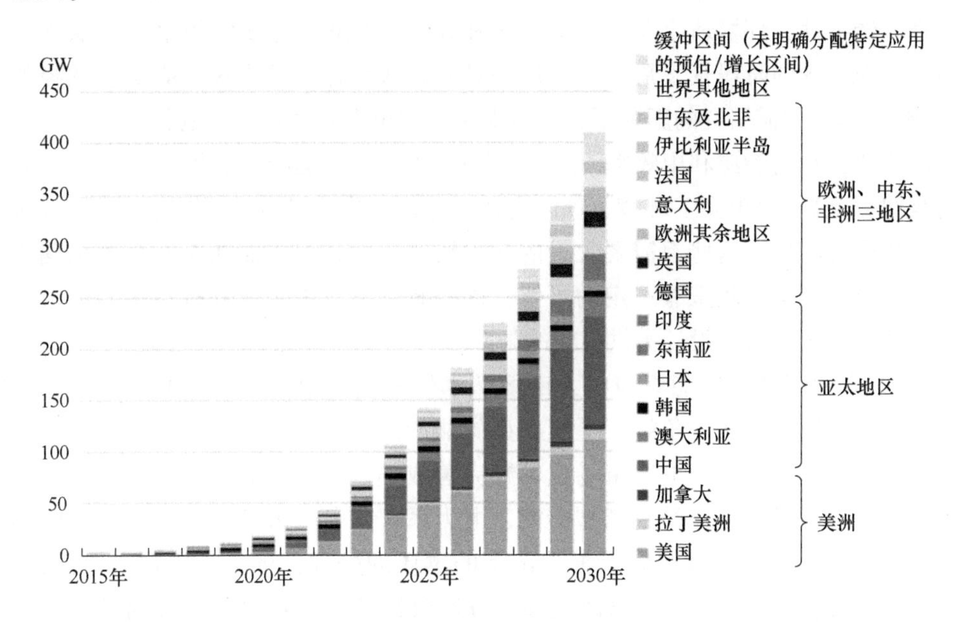

图 1-2　全球电池储能装机累计容量（来源：彭博新能源财经）（见彩图）

1）开展新型储能参与电力市场学术研究可以支撑国家政策体系架构尽快完善。2024 年 1 月 27 日，《国家发展改革委国家能源局关于加强电网调峰储能和智能化调度能力建设的指导意见》要求：到 2027 年，保障新型储能市场化发展的政策体系基本建成，适应新型电力系统的智能化调度体系逐步形成，支撑全国新能源发电量占比达到 20% 以上、新能源利用率保持在合理水平。从我国开始针对性地出台新型储能商业化引导政策到市场化保障政策体系基本建成只有约 5 年的窗口期，任重而道远。因此，需要加快梳理现阶段政策之间的缝隙，尽可能地解决相关学术难题，为政策发布扫清科学上的障碍。

2）通过系统性的新型储能参与电力市场学术研究，可以对发达国家的先进成功经验去芜存菁，消化吸收，广泛传播，为我所用，形成中国特色的新型储能参与电力市场路径。欧美等先进国家电力市场化程度高，一直是我们学习参考的对象；而且，由于它们电力结构和国情与我国不同，它们在用户侧储能等我们尚在打开局面的领域，先于我们设计了较为合理的保障性政策和行动计划，可以作为我国新型储能参与电力市场的先期借鉴，少走弯路，在实践中再不断优化，增强对我国国情的适应性。

3）通过系统性的新型储能参与电力市场学术研究，可以从根源上正确认识新型储能的新业态、新模式、新现象。新型储能发展进入新阶段以来，出现了“共享储能”等新模式，以及“出海”“内卷”等新现象。共享储能商业化的必要性、经济性、环境适应性，以及在我国新型电力系统建设中的生命周期（究竟是昙花一现的阶段性发展产物？还是具有长久生命力的市场优胜劣汰选择的产物？）都是亟需研究的新课题，其需求量预测也需要通过合理的模型分析进行精准预测，提高能源利用效率。储能产品的“内卷”过渡到运营“内卷”，是否有规律可遵循？“出海”环境下和国内环境是否有共性规律，是否可以通过政策设计来合理疏导？这些都需要大量的学术研究。而且我国储能企业全球化确实需要对当地市场、政策有一定的了解，这些研究可以为企业分析理解当地电力市场环境，进行策略设计提供有效的帮助。

4）通过对新型储能参与电力市场学术研究过程中一些概念的系统性再认识，可以解决一些学术争端，厘清新型储能产业发展的本质。我国新型电力系统尚在建设之中，相关电力市场也不够完善成熟，新型储能参与电力市场处于起步阶段，不可避免地受到新型储能、电力系统、电力市场多种环境因素的影响，对一些新现象的理解以及抽象出来的本质的处理，将会影响政策的设计，特别是地方性政策。如，国家政策和地方性政策多次提到“促进源网荷储”的发展，但 2023 年有权威专家指出：要正确认识未来新型电力系统中储能的定位，在能源转型以后以新能源为主体的能源系统中，储能发挥的作用十分有限，相对于“源网荷储”，“源网荷”可能是更科学的提法。对于这种学术争鸣或基于不同角度审视新型储能阶段性角色的变化，需要系统性的科学研究后才能正确界定，从而制定合理的引导政策。

5）通过新型储能参与电力市场学术研究过程中的政策梳理，可以准确把握国内能源政策设计的规律和周期。经历了多年风电、光伏产业发展和政策匹配，相关电力市场保障政策体系已经基本建立，风电、光伏产业也逐渐形成了全球产业优势。参照其切实可行的经验，国家在充电桩、新能源汽车市场培育和政策架构、完善方面的步伐明显加快，而且同样取得了全球化的成功。类比之下，新型储能也将因此而受益且保障性政策体系建设将更快，另外从保障性政策向充分竞争性市场政策过渡期也将更短，企业需要提前做好准备。同样重要的是战略性新兴产业、未来产业的融合协同发展。由于新型储能和新能源共同出现的场景大量存在，现行政策中也经常以角色交叉的形式出现，因此透彻分析国内的新型储能整体政策和新能源政策的耦合度，有意识地借鉴成熟的新能源政策，真正从源头上和产业链协同创新的角度去破局，对一些场景打包算总经济账，将会成为细分领域学术研究和市场拓展的一个持续热点。

6）产业界、学术界和政策制定者迫切需要基于电力经济学、管制经济学和产业组织理论，从科学角度对诸如“新能源配储不具备经济性”这种市场上有不太清晰的既成经验感受而又暂无科学解释的问题分场景答疑解惑，以进一步完善市场化机制，保障新型储能的价值充分体现。目标包括：详细分析新型储能应用场景中的独立储能充放电决策问题和独立储能参与电力市场后的各市场主体收益变化情况，并对市场效率进行分析，提出相关政策建议；进一步讨论其他新型储能应用场景中，如新能源配储和用户侧储能，储能参与电力市场后对各市场主体收益和全社会福利的影响；通过对新型储能电站参与电力市场交易机制和运营模式的深入研究，为实现新型储能电站“一体多用、分时复用”提供理论基础和支持。

6. 新型储能参与电力市场学术研究重点

1）国内面向新型电力系统的电力市场政策和新型储能政策国家层面和地方政府层面关联性研究。系统研究新型储能政策、国内电力市场政策，对比国家顶层架构层面和地方政府落实层面政策偏差，从政策层面强链补链，提出市场化新型储能盈利模式的总体设计思路，在电力中长期市场环境和电力现货市场环境分别提出具体措施建议。重点比较独立储能、配建储能等典型新型储能运行方式的市场竞争力，预测未来不同应用场景下新型储能趋于利益最大化的商业模式走向。

2）有成熟市场实践的发达国家基于本国国情的新型储能参与电力市场特色经验研究。主要聚焦美国、德国、英国、澳大利亚、日本、韩国等国，对比研究国内外新型储能参与电力市场的实践经验，系统梳理新型储能参与电力市场的相关政策机制与实施路径，总结储能参与市场所面临的问题，提出相关策略和机制优化建议，为探索我国新型储能参与市场的模式路径与机制设计提供参考。

3）新型储能参与电力市场的经济学理论分析。具体到各细分领域，包括：对于独立储能，在基于经济学理论，在完全竞争市场的框架下，研究独立储能参与电力市场的充放电决策问题，讨论独立储能参与电力市场后对各市场主体收益的影响，并对市场效率进行分析，提出相关政策建议；对基础模型进行拓展，探讨新能源发电具有波动性以及不完全竞争市场下储能参与市场的情况。

对于新能源配储，基于经济学理论，在完全竞争市场的框架下，研究和讨论新能源配储参与电力市场后对各市场主体收益的影响，并对市场效率进行分析，提出相关政策建议；对基础模型进行拓展，探讨不同类型新能源的配储要求。

对于用户侧储能，基于经济学理论，在完全竞争市场的框架下，研究和讨论用户侧储能参与电力市场后对各市场主体收益的影响，并对市场效率进行分析，提出相关政策建议；对基础模型进行拓展，探讨用户的配储选择和需求响应问题。

参考文献

[1] 唐惠珽．新型储能遭遇盈利危机，参与电力市场有望破局［R］．［2024-03-13］．

[2] 中国电力企业联合会和国家电化学储能电站安全监测信息平台．2023 年上半年度电化学储能电站行业统计数据［R］．［2023-11-10］．

[3] 《新型电力系统发展蓝皮书》编写组．新型电力系统发展蓝皮书［R］．［2023-06-02］．

[4] 技术多元发展，应用场景不断拓展，从试点示范转向规模化商用——新型储能进入大规模发展期（科技视点·走近新质生产力③）［N］．人民日报，2024-03-18．

[5] 央视·朝闻天下．新质生产力一线观察系列报道［Z］．［2024-03-23］．

[6] 李兴彪，朱子悦．碳酸锂下游系列报告三：2023 年全球储能市场分析与 2024 年展望［R］．2024．

[7] 苏南．共享储能将迎来快速发展黄金期［N］．中国能源报，2024-03-27．

[8] Shushu．中国企业争抢海外储能市场，需求火爆背后隐藏哪些风险和挑战［N］．环球零碳，2023-03-23．

[9] 霞光智库．2023 中国户用储能出海报告［R］．2024．

[10] 玶珩，一拳超人．2023 储能盘点：近 30 区域为储能开放各类电力市场，100 余项电力市场政策回顾［EB］．［2024-02-19］．

[11] 阿白．2023 年储能政策梳理分析［EB］．［2023-12-21］．

[12] CNESA 中关村储能产业技术联盟．必须回顾的储能 12 大发展趋势［R］．［2024-02-23］．

[13] 黎明在望？关注储能发展十大现状与四大趋势［R］．［2024-02-28］．

[14] 市场探路：2024 储能行业趋势洞察［R］．［2024-03-04］．

[15] 中国节能协会碳中和专业委员会．2023 年超 650 项储能政策密集发布［R］．［2024-02-13］．

[16] 李司陶，王云杉．电力市场改革下储能的应用与案例分析［R］．［2024-03-13］．

[17] 2024 年储能市场发展展望丨中国篇［R］．［2024-02-10］．

[18] 刘洋．新能源强制配储愈演愈烈：好经被念歪，乱象几时休［R］．［2023-07-05］．

[19] 周有辉．产业家独家丨数十万储能人的出海 2023：订单超 150GWh，项目毛利翻倍，但也难逃内卷［R］．［2024-01-23］．

[20] 开局 2024：中国储能出海如何“扎根”［R］．［2024-01-12］．

第2章 我国新型储能参与电力市场的现状

2

要建立完善适应储能参与的市场机制，鼓励新型储能自主选择参与电力市场，坚持以市场化方式形成价格，持续完善调度运行机制，发挥储能技术优势，提升储能总体利用水平，保障储能合理收益，促进行业健康发展。

——《国家发展改革委办公厅国家能源局综合司关于进一步推动新型储能参与电力市场和调度运用的通知》，2022 年

电网调峰、储能和智能化调度能力建设是提升电力系统调节能力的主要举措，是推动新能源大规模高比例发展的关键支撑，是构建新型电力系统的重要内容。

——《国家发展改革委国家能源局关于加强电网调峰储能和智能化调度能力建设的指导意见》，2024 年

积极稳妥推进碳达峰碳中和。深入推进能源革命，控制化石能源消费，加快建设新型能源体系。**发展新型储能。**

——政府工作报告，2024 年

2.1 我国新型储能发展相关政策

2.1.1 国家层面新型储能相关政策

本节对新型储能参与电力市场相关政策进行梳理。国家高度重视新型储能发展，国家发展改革委、国家能源局出台了多项全国性储能政策，一直全力支

持引导储能的发展。重要的政策性文件分析如下：

政策 1：国家能源局关于促进电储能参与“三北”地区电力辅助服务补偿（市场）机制试点工作的通知（国能监管〔2016〕164 号）

这是国家层面较早出台的储能相关政策，首次探索以市场化方式挖掘“三北”地区储能资源灵活性调节潜力。在保障电力系统安全运行的前提下，充分利用现有政策，发挥电储能技术优势，探索电储能在电力系统运行中的调峰调频作用及商业化应用，推动建立促进可再生能源消纳的长效机制。主要试点内容如下：

合理配置电储能设施。鼓励发电企业、售电企业、电力用户、电储能企业等投资建设电储能设施。鼓励各地规划集中式新能源发电基地时配置适当规模的电储能设施，实现电储能设施与新能源、电网的协调优化运行。鼓励在小区、楼宇、工商企业等用户侧建设分布式电储能设施。

促进发电侧电储能设施参与调峰调频辅助服务。在发电侧建设的电储能设施，可与机组联合参与调峰调频，或作为独立主体参与辅助服务市场交易。其中，作为独立主体参与调峰的电储能设施，充电功率应在 10MW 及以上、持续充电时间应在 4h 及以上。电储能放电电量等同于发电厂发电量，按照发电厂相关合同电价结算。

促进用户侧电储能设施参与调峰调频辅助服务。在用户侧建设的电储能设施，充电电量既可执行目录电价，也可参与电力直接交易自行购买低谷电量，放电电量既可自用，也可视为分布式电源就近向电力用户出售。用户侧建设的一定规模的电储能设施，可作为独立市场主体或与发电企业联合参与调频、深度调峰和启停调峰等辅助服务。

政策 2：关于促进储能技术与产业发展的指导意见（发改能源〔2017〕1701 号）

提出了推进储能技术装备研发示范、推进储能提升可再生能源利用水平应用示范、推进储能提升电力系统灵活性稳定性应用示范、推进储能提升用能智能化水平应用示范、推进储能多元化应用支撑能源互联网应用示范。

政策 3：国家发展改革委　国家能源局关于推进电力源网荷储一体化和多能互补发展的指导意见（发改能源规〔2021〕280 号）

提出坚守安全底线、强化主动消纳、发挥一体优势、区分推动节奏、实现利益共享五大原则。坚守安全底线指出电力系统安全的根基若不稳固，新能源的开发利用、电力的绿色发展便无从谈起。强化主动消纳重点通过一体化模式激发存量电源调节积极性与潜力，优化配置增量调节性电源或储能，进而实现各类电源互济互补，不增加电力系统调峰压力。不再对弃电率进行政策性要求。发挥一体优势明确一体化项目应就近打捆汇集聚合，即要力争与大电网形成相对清晰的物理和调控界面。区分推动节奏，要求以积极的态度重点实施存量“风光水火储一体化”提升；以稳妥的态度推进增量“风光水（储）一体化”；以严控的态度推进增量“风光火（储）一体化”，重点是严控新增煤电需求，控制煤电增长速度。实现利益共享提出了许多问题，反映了当时国家对储能盈利模式的思考，具备调节能力电源是否需要无偿为新能源调峰？独立储能的合理收益如何通过电价疏导？《指导意见》提出“建立协调机制”，通过深化市场化机制建设、营造平等投资环境等手段，发挥协同互补效益，提升可再生能源消纳水平。“鼓励社会资本等各类投资主体投资”。

《指导意见》还提出了一系列新的概念和指标：

第一是提出了新型储能的概念，储能是指为实现电力与热能、化学能、机械能等能量之间的单向或双向存储设备。所有能量的存储都可以称为储能。所谓新型储能，即为抽水蓄能之外的各类储能总称，包括锂电池、压缩空气、液流、飞轮、钠电池、储氢、储热等多种方式。

第二是提出新型储能发展目标，到 2025 年，实现新型储能从商业化初期向规模化发展转变。装机规模达 3000 万 kW 以上。关于储能规模预测，有些省份也做出了科学的计算。如山东省，确定“十四五”末新能源装机规模目标后，以弃风弃光率等指标作为边界条件，从电力系统调节能力提升的高度出发，统筹火电灵活性改造、抽水蓄能、外电入鲁调峰、燃气轮机、需求侧响应、核电调峰、新型储能等各种调节手段，通过对电力系统 8760h 的逐时模拟，确定了“十四五”末新型储能 450 万 kW 的装机目标。

第三是提出多元化的储能应用场景，大力推进电源侧储能项目建设，以保障优先消纳为中心，推动多能互补发展，发展配置储能的友好型新能源电站；积极推动电网侧储能合理化布局，以保障电网系统的安全稳定为核心，在偏远地区保障电网贡献能力，发展建设一批移动式或固定式储能；积极支持用户侧储能多元化发展，进行多类储能+应用场景的探索与发展，结合体制机制综合创新，鼓励围绕分布式新能源、大数据中心、5G 基站和充电设施等终端用户，探索智慧能源、虚拟电厂等多种商业模式。

第四是明确新型储能独立市场主体地位，加快推动储能进入并允许同时参与各类电力市场。因地制宜建立完善“按效果付费”的电力辅助服务补偿机制，鼓励储能作为独立市场主体参与辅助服务市场。过去，储能一直作为火电、新能源的附属功能，存在商业模式不清晰等问题，导致储能价值收益难以充分体现，其经济性依赖于储能成本的进一步降低。根据《指导意见》，储能电站将以电力系统独立身份参与中长期交易、现货和辅助服务等各类电力市场，作为新型电力系统中的独特单元而发挥其应有的价值。

政策4：国家发展改革委　国家能源局关于加快推动新型储能发展的指导意见（发改能源规〔2021〕1051号）

提出到2025年，实现新型储能从商业化初期向规模化发展转变，装机规模达3000万kW以上。到2030年，实现新型储能全面市场化发展，装机规模基本满足新型电力系统相应需求。加强对新型储能重大示范项目分析评估，提出新型储能概念。明确新型储能独立的市场主体地位。

政策5：新型储能项目管理规范（暂行）（国能发科技规〔2021〕47号）

由国家能源局科技司制定，主要针对储能规划主体、备案方式、并网运行、检测监督进行了规定，属于具体操作层面的规范。文件要求省级能源主管部门组织开展本地区关系电力系统安全高效运行的新型储能发展规模与布局研究，科学合理引导新型储能项目建设。

文件要求地方能源主管部门依据投资有关法律、法规及配套制度对本地区新型储能项目实行备案管理，并将项目备案情况抄送国家能源局派出机构，并对备案的内容进行了规定。

文件要求电网企业应公平无歧视为新型储能项目提供电网接入服务，电网企业应根据新型储能发展规划，统筹开展配套电网规划和建设。配套电网工程应与新型储能项目建设协调进行。

文件还提出项目单位应做好新型储能项目运行状态监测工作，实时监控储能系统运行工况，在项目达到设计寿命或安全运行状况不满足相关技术要求时，应及时组织论证评估和整改工作。

政策6：国家能源局综合司关于加强电化学储能电站安全管理的通知（国能综通安全〔2022〕37号）

指出业主（项目法人）是电化学储能电站安全运行的责任主体，所有纳入备案管理的接入10kV及以上电压等级公用电网的电化学储能电站的安全管理工作需要纳入企业安全管理体系，落实全员安全生产责任制，健全风险分级管控和隐患排查治理双重预防机制，依法承担安全责任。重点提出如下管理方向：

1）加强电化学储能电站规划设计安全管理。

2）做好电化学储能电站设备选型。

3）严格电化学储能电站施工验收。

4）严格电化学储能电站并网验收。

5）加强电化学储能电站运行维护安全管理。

6）提升电化学储能电站应急消防处置能力。

政策 7："十四五"现代能源体系规划（发改能源〔2022〕210 号）

开展新型储能关键技术集中攻关，建立新型储能价格机制，加快新型储能技术规模化应用。

政策 8：国家发展改革委　国家能源局关于印发"十四五"新型储能发展实施方案的通知（发改能源〔2022〕209 号）

提出到 2025 年新型储能由商业化初期步入规模化发展阶段、具备大规模商业化应用条件；电化学储能技术性能进一步提升，系统成本降低 30%以上。

政策 9：国家发展改革委办公厅　国家能源局综合司关于进一步推动新型储能参与电力市场和调度运用的通知（发改办运行〔2022〕475 号）

聚焦当前新型储能参与电力市场的痛点与堵点，提出了完善市场机制、价格机制、运行机制等方面的具体措施，新型储能政策体系基本形成，这是我国新型储能发展历史上重要的一个文件，提出了独立储能概念，解决了储能充电电价的问题，对储能的发展方向、盈利模式做出了一系列开创性的规定。主要规定如下：

1）**总体要求**。新型储能具有响应快、配置灵活、建设周期短等优势，可在电力运行中发挥顶峰、调峰、调频、爬坡、黑启动等多种作用，是构建新型电力系统的重要组成部分。要建立完善适应储能参与的市场机制，鼓励新型储能自主选择参与电力市场，坚持以市场化方式形成价格，持续完善调度运行机制，发挥储能技术优势，提升储能总体利用水平，保障储能合理收益，促进行业健康发展。

2）**新型储能可作为独立储能参与电力市场**。具备独立计量、控制等技术条件，接入调度自动化系统可被电网监控和调度，符合相关标准规范和电力市场运营机构等有关方面要求，具有法人资格的新型储能项目，可转为独立储能，作为独立主体参与电力市场。鼓励以配建形式存在的新型储能项目，通过技术改造满足同等技术条件和安全标准时，可选择转为独立储能项目。按照《国家发展改革委　国家能源局关于推进电力源网荷储一体化和多能互补发展的指导意见》（发改能源规〔2021〕280 号）有关要求，涉及风光水火储多能互补一体化项目的储能，原则上暂不转为独立储能。

3）**鼓励配建新型储能与所属电源联合参与电力市场**。以配建形式存在的新型储能项目，在完成站内计量、控制等相关系统改造并符合相关技术要求情况下，鼓励与所配建的其他类型电源联合并视为一个整体，按照现有相关规则参与电力市场。各地根据市场放开电源实际情况，鼓励新能源场站和配建储能联合参与市场，利用储能改善新能源涉网性能，保障新能源高效消纳利用。随着市场建设逐步成熟，鼓励探索同一储能主体可以按照部分容量独立、部分容量联合两种方式同时参与的市场模式。

4）**加快推动独立储能参与电力市场配合电网调峰。**加快推动独立储能参与中长期市场和现货市场。鉴于现阶段储能容量相对较小，鼓励独立储能签订顶峰时段和低谷时段市场合约，发挥移峰填谷和顶峰发电作用。独立储能电站向电网送电的，其相应充电电量不承担输配电价和政府性基金及附加。

5）**充分发挥独立储能技术优势提供辅助服务。**鼓励独立储能按照辅助服务市场规则或辅助服务管理细则，提供有功平衡服务、无功平衡服务和事故应急及恢复服务等辅助服务，以及在电网事故时提供快速有功响应服务。辅助服务费用应根据《电力辅助服务管理办法》有关规定，按照“谁提供、谁获利，谁受益、谁承担”的原则，由相关发电侧并网主体、电力用户合理分摊。

6）**优化储能调度运行机制。**坚持以市场化方式为主优化储能调度运行。对于暂未参与市场的配建储能，尤其是新能源配建储能，电力调度机构应建立科学调度机制，项目业主要加强储能设施系统运行维护，确保储能系统安全稳定运行。燃煤发电等其他类型电源的配建储能，参照上述要求执行，进一步提升储能利用水平。

7）**进一步支持用户侧储能发展。**各地要根据电力供需实际情况，适度拉大峰谷价差，为用户侧储能发展创造空间。根据各地实际情况，鼓励进一步拉大电力中长期市场、现货市场上下限价格，引导用户侧主动配置新型储能，增加用户侧储能获取收益渠道。鼓励用户采用储能技术减少自身高峰用电需求，减少接入电力系统的增容投资。

8）**建立电网侧储能价格机制。**各地要加强电网侧储能的科学规划和有效监管，鼓励电网侧根据电力系统运行需要，在关键节点建设储能设施。研究建立电网侧独立储能电站容量电价机制，逐步推动电站参与电力市场；探索将电网替代型储能设施成本收益纳入输配电价回收。

9）**修订完善相关政策规则。**在新版《电力并网运行管理规定》和《电力辅助服务管理办法》基础上，各地要结合实际、全面统筹，抓紧修订完善本地区适应储能参与的相关市场规则，抓紧修订完善本地区适应储能参与的并网运行、辅助服务管理实施细则，推动储能在削峰填谷、优化电能质量等方面发挥积极作用。各地要建立完善储能项目平等参与市场的交易机制，明确储能作为独立市场主体的准入标准和注册、交易、结算规则。

政策 10：国家能源局综合司关于加强发电侧电网侧电化学储能电站安全运行风险监测的通知（国能综通安全〔2023〕131 号）

要求进一步加强电力行业电化学储能电站安全管理，强化发电侧、电网侧电化学储能电站安全运行风险监测及预警。具体措施为：一是建立电站台账并保存信息，电力企业应利用信息化技术建立电化学储能电站基础台账管理体系，保存本企业投资、运维的电化学储能电站建设基本信息。二是具备运行风险监测及分析预警能力，对重要电气设备运行安全状态实施监测和管理，定期分析安全运行情况，强化运行风险预警与应急处置。三是从数据源头控制等方面强化安全运行监测数据管理，加强风险监测分析的应用，健全风险监测标准体系。

根据《通知》要求，各电力企业应于 2024 年 12 月 31 日前完成本企业储能电站运行风险监测能力建设，2025 年以后新建及存量电化学储能电站应全部纳入监测范围。

政策 11：国家能源局综合司关于公示新型储能试点示范项目的通知（国家能源局公告 2024 年第 1 号）

将“山东省肥城市 300MW/1800MWh 压缩空气储能示范项目”等 56 个项目列为国家级新型储能试点示范项目。虽然本次国家示范申报仅限省级和央企申报主体，并不再给予其他单独的政策，但仍吸引了各类企业踊跃申报。涉及多种储能技术路线的 56 个项目需按要求于 2024 年底前建成，其中锂离子电池储能项目 17 个，压缩空气项目 14 个，液流电池项目 8 个，混合储能项目 7 个，飞轮项目 3 个，重力项目 3 个，钠离子项目 2 个，铅炭项目 1 个，以及广东省新型储能创新中心实证基地项目 1 个。

2.1.2　重点省份新型储能相关政策

1. 山东省新型储能相关政策

截至 2023 年底，山东省新型储能在运规模为 398 万 kW，居全国第一位。其中，独立储能为 288 万 kW，配建储能为 108 万 kW，其他储能为 2 万 kW，2025 年新型储能规划为 600 万 kW。截至 2023 年底，山东省发电装机总容量为 21152 万 kW，其中，煤电装机为 10644 万 kW，新能源和可再生能源发电装机为 9396 万 kW，余热余能及其他发电装机为 714 万 kW，到“十四五”末，山东省风光新能源装机规模预计超过 1 亿 kW。山东省风光装机规模大，水电、燃气轮机等调节资源基本没有，抽水蓄能仅有 400 万 kW，风电光伏装机为 8284 万 kW，因此山东省极度缺乏调峰资源。对于调频资源，由于山东省重工业负荷较多，比较稳定，对调频资源的需求不是特别紧迫。2021 年 12 月 1 日，山东省进入电力现货市场阶段，为新型储能参与调峰提供了很好的市场基础，截至 2023 年 12 月，山东省已经有 29 座独立储能电站进入电力现货市场运行，在全国遥遥领先。

山东省的新型储能政策和应用发展大体可以分为四个阶段：

第一阶段为强制新能源配套储能。山东省于 2020 年开始要求新能源配套储能，国网山东省电力公司发布《关于 2020 年拟申报竞价光伏项目意见的函》，2020 年山东省参与竞价的光伏电站项目规模为 97.6 万 kW，共计 19 个项目。根据申报项目承诺，储能配置规模按项目装机规模 20%考虑，储能时间为 2h，可以与项目本体同步分期建设，拉开了山东省增量新能源强配储能的序幕，也培养了储能市场。

第二阶段为建设独立共享储能电站。在第一批新能源配置储能项目建设完成后，陆续发现新能源强配储能质量差、利用率低、业主没有充放电积极性等问题，且配建储能规模不大，占用电网调度资源，维护起来也比较困难。为解决这个问题，2021 年山东省启动建设独立共享储能电站，最初的想法就是把分散的配建储能集中起来建设，规模大，好调用，运行维护方便。2021 年 4 月，山东省发展改革委、山东省能源局、国家能源局山东监管办公室联合发布《关于开展储能示范应用的实施意见》（鲁发改能源〔2021〕254 号），这是全国第一套市场化的独立储能参与电力中长期市场的政策，基于此山东省开展了大型独立储能电站建设的试点示范，在全国首次解决了独立储能电站充放电价、参与辅助服务的调用次数和价格、优先发电量计划奖励强度等众多问题，形成了独立储能电站的盈利模式。示范项目的建设让全国储能建设形式出现了独立储能这一新物种，促进新型储能技术研发和创新应用，建立健全相关标准体系，培育具有市场竞争力的商业模式，形成可复制易推广的经验做法，为推动全国储能加快发展贡献了“山东智慧”。2021 年山东省建成了规模为 50 万 kW 左右的独立储能示范项目。

第三阶段为推动独立储能进入电力现货市场运行。2021 年 12 月 1 日，山东省正式进入电力现货市场运行，为独立储能电站的发展带来了新的机遇。2022 年独立储能电站调试完成后，如何进入电力现货市场运行成为新的课题。通过国家能源局山东监管办公室与山东省能源局的通力合作，建设了独立储能参与电力现货市场的一系列规则，储能在全国第一次进入电力现货市场运行。2022 年山东省启动了第二批示范项目建设，重在示范多种储能技术，4 月份山东省能源局发布《关于开展 2022 年度储能示范项目遴选工作的通知》，开展多种示范项目征集。2022 年 8 月，山东省发展改革委、山东省能源局、国家能源局山东监管办公室联合发布《关于促进我省新型储能示范项目健康发展的若干措施》（鲁发改能源〔2022〕749 号），这是全国第一套独立储能参与电力现货市场的成套政策，山东省首批独立储能示范项目转入电力现货市场运行，第二批示范项目建成后也将注册成为独立现货市场主体，按照规则运行，赚取现货市场充放电价差、容量补偿电价和新能源租赁费。山东省还计划依托电力交易中心建设全省储能交易平台，实现储能资源公平公正公开的交易。

第四阶段为新型储能政策创新发展阶段。本阶段山东省继续创新了多项全国首创政策，比较有代表性的是长时储能和配建转独立政策。2023 年 7 月 23 日，山东省发布全国首个省级针对长时储能的支持政策《关于支持长时储能试点应用的若干措施》（鲁能源科技〔2023〕115 号），长时储能包括但不限于压缩空气储能、液流电池储能等。给予的政策包括：损耗部分不缴纳输配电价和基金附加、补偿费用暂按其月度可用容量补偿标准的 2 倍执行、租赁时按其功率的 1.2 倍折算配储规模。《措施》指出，为积极推动长时储能试点应用，促进先进储能技术规模化发展，助力构建新型电力系统，对于压缩空气、液流电池等的长时储能加大容量租赁和容量补偿支持力度的支持措施，并支持参与现货市场。《措施》鼓励建设长时储能试点项目，按照科学发展、试点先行原则，支持成熟的长时储能项目先行先试，符合试点条件的，优先列入本省新型储能项目库。项目建成后，可享受优先接入电网、优先租赁的政策。纳入试点项目需满足的要求包括：项目规模不低于 100MW、满功率放电时长不低于 4h、电-电转换效率不低于 60%，若项目综合能量效率高于 80%，电-电转换效率可放宽至不低于 55%；项目寿命不低于 25 年；项目建设周期为 2 年。2023 年 8 月 23 日，山东省发展改革委、山东省能源局等部门联合发布全国首个配建储能转独立储能试点文件《关于开展我省配建储能转为独立储能试点工作的通知》（鲁发改能源〔2023〕670 号），明确了配建转独立的试点条件、申报程序、建设验收方法等内容。《通知》主要包括试点条件、申报程序和建设验收三个部分。在试点条件上，明确了配建储能转为独立储能的技术条件、安全方案和其他要求。其中，技术条件要求对同一安装地点功率不低于 3 万 kW 的配建储能，按照自愿原则，改造后接入电压等级为 110kV 及以上，具备独立计量、控制等技术条件，达到相关标准规范和电力市场运营机构等有关方面要求，并接入调度自动化系统可被电网监控和调度的，可转为独立储能；项目应具有较为完善的安全方案，符合相关安全规范要求，须按接入电压等级选择对应资质的设计、施工、监理、调试等单位。严格消防风险管控，配套一氧化碳、挥发性有机化合物、氢气等复合型气体检测报警系统，具备完善的消防预警和防止复燃措施。特色应用亮点突出的，优先转为独立储能；其他要求按照《国家发展改革委 国家能源局关于推进电力源网荷储一体化和多能互补发展的指导意见》有关要求，涉及风光水火储多能互补一体化项目的储能，原则上暂不转为独立储能。在申报程序上，分为项目初审和专家评审两个阶段。其中，项目初审由市级能源主管部门受理并审核项目法人单位报送的申请材料。审核通过后，将初审意见和申报材料报送省能源局；专家评审由省能源局联合有关部门（单位）组织或委托第三方进行。评审合格的，将复函同意开展项目前期工作。在建设验收上，包括跟踪评估和建成验收两个环节。其中，跟踪评估由市级能源主管部门负责项目日常跟踪管理，同时，明确项目时间进度要求；建成验收由省能源局会同电网调度机构组织开展，实现闭环管理。

山东省储能发展的重要特色是坚持市场化道路和独立储能发展道路，以建立市场规则为核心推动新型储能发展。山东省相关规划中提出不断完善电力市场体系建设，持续推动电力中长期市场建设，充分发挥中长期市场在平衡长期供需、稳定市场预期的基础作用。深化电力现货市场建设，引导现货市场更好发现电力实时价格，准确反映电力供需关系。推动风电、光伏等可再生能源参与现货市场，建立合理的费用疏导机制，力争实现不间断运行。完善电力辅助服务市场，更好体现灵活性调节性资源市场价值。相关规划专门提出积极推进新型储能规模化发展，持续开展新型储能示范项目建设，加大压缩空气储能示范应用，支持建设独立储能设施，推动新能源场站合理配置储能设施，到2025年，新型储能设施规模达到600万kW。对市场机制，山东省提出加快构建新型电力市场机制提升电力市场对高比例新能源的适应性，有序推动新能源参与电力市场，以市场化收益吸引社会资本，促进新能源可持续投资。建立发电容量成本回收机制，保障调节性电源固定成本回收，推动抽水蓄能、储能、虚拟电厂等调节电源投资建设。引导有需求的用户直接购买绿色电力，做好绿色电力交易和绿证交易、碳交易的有效衔接。

2. 山西省新型储能相关政策

截至2023年底，山西省新型储能累计装机规模尚未达到100万kW。2025年新型储能规划为6GW。山西省风光装机占比高且水电、燃机等调节资源匮乏，亟需储能参与电力系统调节。电力现货市场建设全国领先，2020年启动连续运行并于2023年在全国率先进入电力现货市场正式运行阶段，为新型储能提供了很好的发展基础和发展需求。

山西省新型储能参与电力市场探索的重要政策性文件分析如下：

政策1：山西省国民经济和社会发展第十四个五年规划和2035年远景目标纲要

提出协同发展储能与新能源，探索煤电项目与风电、光伏、储能项目一体化布局。截至2023年底，山西省发电装机容量13304.1万kW，其中可再生能源装机容量5309.1万kW，比上年增长22.6%，占到总装机容量的39.9%，预计“十四五”末装机容量达到8000万kW，占山西省总装机容量的约50%。山西省尚无燃气轮机，水电（含抽水蓄能）仅为225万kW，风光装机达到4991万kW，电力系统调峰能力严重不足。不仅如此，由于山西省风电资源丰富，风电的瞬间波动导致电力系统一次调频资源比较紧张，山西省是全国最早搞火电+储能参与AGC的省份，说明其二次调频资源也较为紧张。因此山西省调峰、调频能力都严重不足。在水电资源等灵活性资源相对匮乏的山西省，技术相对成熟的电化学储能电站成为解决上述问题的有效措施。

政策2：关于鼓励电储能参与山西省调峰调频辅助服务有关事项的通知（山西能监办2017年发布）

指出要加强引导，明确电储能参与辅助服务的基本要求。以发电企业、电力用户、售电企业、储能运营企业等为参与主体，可以联合或独立的方式参与调峰或调频，独立参与调峰的单个电储能设施额定容量应达到10MW及以上，额定功率持续充电时间应在4h及以上。独立参与调频的电储能设施额定功率应达到15MW及以上，持续充放电时间达到15min以上。是全国首个针对电储能参与辅助服务的项目管理规则，鼓励电储能可以联合或独立的方式参与调峰或调频。

政策3：关于组织首批“新能源+储能”试点示范项目申报的通知（山西省发展改革委2021年发布）

要求首批试点示范项目储能规模总量为50万~100万kW。独立储能单体项目额定功率不低于1万kW，参与调峰的项目额定功率下连续充放电时间原则上不低于2h，参与调频的项目额定功率下连续充放电时间原则上不低于15min。

政策4：山西独立储能和用户可控负荷参与电力调峰市场交易实施细则（试行）（2020年山西省能监办发布）

实施细则呈现五大特点，一是市场主体种类齐全，包括独立储能、独立用户、售电公司、辅助服务聚合商、独立辅助服务供应商等多种市场主体，旨在充分挖掘各类调节资源；二是交易品种丰富，在现有辅助服务市场日前组织报量报价、日内调用的基础上，拓展引入中长期双边协商和挂牌交易机制，支持新能源企业和独立储能、用户可控负荷市场主体之间“点对点”定向消纳；三是独立储能和用户侧优先调用，为提高火电机组发电效率，降低调峰成本，深调市场启动后，优先调用性价比更高的独立储能和用户侧资源，同时，针对执行峰谷电价用户，合理设置不同补偿价格区间，引导用户改变用能习惯；四是基线负荷计算科学，基线负荷作为判断可控负荷参与调峰响应的基准至关重要，细则通过综合近期历史负荷、历史同期负荷、相邻时段负荷、不同日负荷率比等参数精准计算得出；五是补偿分摊机制合理，根据可再生能源消纳权重指标，推导计算发电企业和市场化用户分摊占比，同时通过每个时段响应量和全天总响应量两个维度综合判断用户是否达到日前申报计划，确保分摊公平，收益合理。

政策5：山西电力一次调频市场交易实施细则（试行）（山西省能监办2022年5月发布）

细则适用于获得市场准入后的市场主体参与电力一次调频市场交易的行为，市场主体须履行基本一次调频义务，具备基本义务以外的一次调频能力方可参与一次调频市场交易，获得补偿。《细则》鼓励新能源企业通过双边协商交易向独立储能运营商购买一次调频服务。新能源企业与独立储能运营商的中长期交易合同须报市场运营机构备案。具体中长期交易组织方案和新能源企业购买独立储能一次调频服务后的补偿分摊计算方法另行制定。

政策6：山西省电力市场规则汇编（试运行V12.0）（山西省能源局2022年6月发布）

允许独立储能作为发电和用电的结合体，以“报量报价”方式参与市场，自主决策申报充放电状态的量价曲线，以及充放电运行上下限、存储电量状态SOC等。山西省独立储能发展正式进入电力现货市场阶段，不再进入调峰辅助服务市场。山西省的报量报价与山东省的报量不报价接受现货价格，形成目前我国独立储能参与电力现货市场的两种主要模式。

政策7：“十四五”新型储能发展实施方案（山西省能源局2023年发布）

按照实施方案，在加强新型储能先进技术研发方面，山西省将从电池材料、储能系统、示范应用单个层次，开展压缩空气、液流电池、锂离子电池、钠离子电池、超级电容等关键技术、装备和集成优化设计技术研究。在加大新型储能技术创新力度方面，完善新型储能领域省重点实验室、技术创新中心、产业技术创新战略联盟等建设布局，逐步完善基础研究、关键技术攻关、产业化应用的全链条科技创新平台体系。构建完整的新型储能产业体系，依托综改区千吨级钠离子正负极材料项目、阳泉铝板材生产线（铝箔等电池原材料）等产业基础构建山西新型储能产业体系。同时，推动多种类型储能技术发展及多元化应用。例如，推动建设液流电池、压缩空气储能等大容量和中长时间尺度新型储能试点示范；推动针对负荷跟踪、系统调频、惯量支撑、爬坡、无功支持及机械能回收等秒级和分钟级应用需求的短时高频储能技术示范；利用大同云冈煤矿废弃巷道开展压缩空气储能技术示范应用；围绕退役火电机组既有厂址和输变电设施，工业园区光储网充一体化应用，增量配电业务改革试点、能源互联网试点等场景，积极推动多种类型储能技术发展及多元化应用示范。

山西省新型储能发展的特色是对一次调频比较重视。山西省比较缺乏一次调频资源，因此山西电科院在一次调频研究领域领先全国，率先开展了新能源配置储能做一次调频的试验。在新型储能规则设计过程中，专门设计了独立储能电站或者储能联合火电参与一次调频的市场规则，还进行了独立储能电站参与现货市场同时参与调频的运营模式设计。山西省进入电力现货市场正式运行较早，比山东省早一年，但因为各种原因，截至 2023 年底山西仅建成 1 座独立储能电站，上述先进理念的实践略显不足。山西省储能市场化规则的建设全国领先，但是新型储能电站的建设是一个复杂的过程，仅靠政策推动是不够的，还需要规划、标准、工程、示范、管理各方面统一协调，才能建设成功。

3. 广东省新型储能相关政策

截至 2023 年底，广东省新型储能累计装机规模超过 100 万 kW，2025 年广东省储能装机规划为 300 万 kW。截至 2023 年 12 月，广东全省统调风电和集中式光伏装机已经超过 3000 万 kW，占全省电力装机的 20%左右。到 2025 年，全省新能源和可再生能源装机将达到 7900 万 kW（其中核电为 1854 万 kW）；到 2030 年，全省风电和光伏发电装机容量将达到 7400 万 kW 以上。

与山东省和山西省的状况不同，广东省风光比例并不高，主要是广东省光资源远不如北方地区丰富。且广东省调节资源丰富，燃气轮机装机超过 2000 万 kW，抽水蓄能装机容量达到 798 万 kW，占全国的 23.4%。因此广东省电网的调峰压力并不大。广东省第三产业发达，高新企业发达，用电负荷波动大，因此广东省缺乏调频资源。从电力市场建设情况来看，广东省是全国首批 8 个电力现货市场试点省份之一，但是受到广东省不缺调峰资源现状的影响，适合储能提供调峰服务的电力现货市场 2h 最高平均电价和 2h 最低平均电价之差并不大，约为山东省和山西省的一半。

广东省新型储能参与电力市场探索的重要政策性文件分析如下：

政策1：广东调频辅助服务市场交易规则（试行）（国家能源局南方监管局2018年印发）

规则中指出，第三方辅助服务提供者指具备提供调频服务能力的装置，包括储能装置、储能电站等；容量为2MW/0.5h及以上的电化学储能电站是广东省调频市场补偿费用缴纳者之一。

政策2：南方区域新型储能并网运行及辅助服务管理实施细则（国家能源局南方监管局2020年版）

首次提出新型储能可以参与一次调频、二次调频、无功调节以及调峰辅助服务并获得补偿；广东省储能调峰补偿上涨至0.792元/kWh，这是新型储能参与电力中长期市场下调峰辅助服务的政策。

政策3：关于2023年电力市场交易有关事项的通知（粤能电力〔2022〕90号，广东省能源局、南方能监局2023年3月联合发布）

对广东省2023年市场交易规模、市场主体准入标准、市场交易模式、年度交易安排及要求、月度及多日交易安排等方面做出了安排，提出适时推动储能等新兴市场主体试点参与电能量市场交易，独立储能可以按日自主选择报量不报价或报价报量参与交易。同年10月，广东梅州宝湖独立储能电站在南方（以广东省起步）电力现货市场顺利完成首个月份31天的交易，标志着我国独立储能首次成功以“报量报价”的方式进入电力现货市场，这是继山东省之后第二个独立储能进入电力现货市场运行的省份，但山东省是报量不报价，接受现货价格。

随着储能进入电力现货市场，相应的储能进入电力调峰辅助服务市场的规则也要修改。

政策4：南方区域新型储能并网运行及辅助服务管理实施细则（2023年版）

该规则根据电力现货市场发展情况，更加详细地规定了独立储能参与一次调频、二次调频、无功调节的补偿方式和考核细则，取消了调峰辅助服务规则，规定“鉴于现阶段储能容量相对较小，鼓励独立储能电站积极参与电力市场和调度运用，签订顶峰时段和低谷时段合约（协议），发挥移峰填谷和顶峰发电作用。独立储能电站向电网送电的，其相应充电电量不承担输配电价和政府性基金及附加”，同时考虑到调度会调用储能的情况，此时储能不一定在电价低谷时充电，在电价高峰时放电，会给储能造成一定损失，于是规定了调度调用时给予独立储能电站的补偿：“电力调度机构按照公平、公正、公开原则，结合系统调峰需要，下达调度计划或按照市场出清结果要求独立储能电站进入充电状态时，对其充电电量进行补偿，具体补偿标准为 8×R5（元/MWh）”。这是电力现货市场下新型储能参与辅助服务的政策。

在建立市场规则、发展储能应用的同时，广东省也特别注意储能产业的培育。

政策 5：广东省推动新型储能产业高质量发展的指导意见（粤府办〔2023〕4 号，广东省人民政府办公厅 2023 年 4 月发布）

《意见》提出：到 2025 年，全省新型储能产业营业收入达到 6000 亿元，年均增长 50%以上，装机规模达到 300 万 kW。到 2027 年，全省新型储能产业营业收入达到 1 万亿元，装机规模达到 400 万 kW。广东省要将新型储能产业打造成为“制造业当家”的战略性支柱产业。广东省储能电池产业基础较好，覆盖了储能电池材料制备、电芯和电池封装、储能变流器、储能系统集成和电池回收利用全产业链，新型储能产业处于全国领先地位，基本具备全球竞争力。《意见》还提出，要积极开拓海外储能市场，鼓励新型储能企业参与“一带一路”倡议，打造国家级新型储能产品进出口物流中心。鼓励新型储能企业组建联合体，积极参与国外大型光储一体化、独立储能电站、构网型储能项目建设。顺应欧洲、北美、东南亚、非洲等市场用能需求，提升“家用光伏+储能”、便携式储能产品设计兼容性和经济性，持续扩大国际市场贸易份额。

政策 6：广东省促进新型储能电站发展若干措施（广东省发展改革委、广东省能源局 2023 年 6 月发布）

《若干措施》提出：要推进新能源发电配建新型储能。按照分类实施的原则，2022 年以后新增规划的海上风电项目以及 2023 年 7 月 1 日以后新增并网的集中式光伏电站和陆上集中式风电项目，按照不低于发电装机容量的 10%、时长 1h 配置新型储能，后续根据电力系统相关安全稳定标准要求、新能源实际并网规模等情况，调整新型储能配置容量；鼓励存量新能源发电项目按照上述原则配置新型储能。《若干措施》明确，可采用众筹共建（集群共享）、租赁或项目自建等方式落实储能配置，其中第一种方式由项目所在地市组织布局落实。配置新型储能电站投产时间应不晚于项目本体首次并网时间，原则上不跨地市配置。争取到 2025 年，全省新能源发电项目配建新型储能电站规模达到 100 万 kW 以上，到 2027 年达到 200 万 kW 以上，“十五五”末达到 300 万 kW 以上。《若干措施》明确将强化政策支持，包括鼓励先进产品示范应用，完善市场价格机制，强化要素保障，强化金融支持和建立激励机制。

广东省储能发展的特点是以调频储能特别是火电+储能联合调频为主。广东电网虽然与山东电网总电力消费和最高负荷相差不多，但是广东省电力系统负荷波动大，是山东省的 8 倍，因此广东省特别缺乏调频资源，加上广东省火电机组比例相对较低，全部机组投入调频仍然不能满足调频需求，广东省甚至开展抽水蓄能做调频的试验研究工作。2018 年开始，广东省以云浮电厂为开端，开展储能调频工程建设工作，效果良好，2022 年广东省火电配置储能参与调频已经成为主流。2023 年，广东省开展独立储能参与电力调频的试点。

4. 江苏省新型储能相关政策

江苏省是我国建设电网侧新型储能电站最早的省份，但由于国家 2019 版《输配电定价成本监审办法》禁止将新型储能纳入输配电价回收成本，江苏省的储能发展出现了停滞甚至萎缩。2021 年底，江苏省新型储能的累计装机规模为 101 万 kW，到 2023 年底，累计装机规模不足 100 万 kW。到 2025 年，江苏省新型储能装机规模将达到 300 万 kW。

截至 2023 年 11 月，江苏省电力装机达到 1.76 亿 kW，其中风电光伏装机超过 5000 万 kW，规划到 2025 年，全省可再生能源装机达到 6600 万 kW，其中风电达到 2800 万 kW，光伏达到 3500 万 kW，可再生能源装机占比争取达到 34%。江苏省风光资源尤其是光伏资源不如山东省、山西省丰富，苏南地区没有供暖季，火电调节能力较强，且 1200 万 kW 燃气轮机发挥了调峰作用，因此江苏省调峰调频压力都不算太大。江苏省海上风电发展全国领先，到 2025 年海上风电达到 1500 万 kW，灌云、滨海、射阳、大丰、如东、启东等地形成千万千瓦级别海上风电基地，同时在该地区形成了局部过载、新能源窝电的问题，需要建设新型储能设施进行解决。但是江苏省不是电力现货市场首批 8 个试点之一，目前没有建立电力现货市场机制，为储能落地平添了未知因素。

江苏省新型储能参与电力市场探索的重要政策性文件分析如下：

政策 1 和 2：江苏电力辅助服务（调峰）市场建设工作方案、江苏电力辅助服务（调峰）市场交易规则

提出电力调峰辅助服务市场包括深度调峰交易、启停调峰交易，后期将逐步扩大电力辅助服务交易品种，并明确储能电站可作为市场主体参与启停调峰。

政策 3：江苏电力辅助服务管理实施细则

将储能纳入市场主体，并鼓励新型储能、可调节负荷等并网主体参与电力辅助服务，电力辅助服务补偿费用由企业、新型储能、一类用户、售电公司及电网企业共同分摊。

政策 4：关于加快推动我省新型储能项目高质量发展的若干措施（江苏省发展改革委 2023 年 7 月印发）

提出加快发展新型储能。坚持目标导向，加快新型储能项目建设，发挥新型储能响应快、配置灵活、建设周期短等技术优势，增加可再生能源并网消纳能力，在全省海上风电等项目开发中，将要求配套建设新型储能项目，促进新能源与新型储能协调发展，到 2027 年，全省新型储能项目规模达到 500 万 kW 左右。重点发展电网侧储能。加强政策引导，优化规划布局，鼓励新能源配建储能按照共建共享的模式，以独立新型储能项目的形式在专用站址建设，直接接入公共电网，更好发挥顶峰、调峰、调频、黑启动等多种作用，提高系统运行效率。支持各类社会资本投资建设独立新型储能项目。

到 2027 年，全省电网侧新型储能项目规模将达到 350 万 kW 左右。鼓励发展用户侧储能。充分利用峰谷分时电价等机制，鼓励企业用户和产业园区自主建设新型储能设施，缓解电网高峰供电压力。大力推进充电设施、数据中心等场景的储能多元化应用，探索运用数字化技术对分布式储能设施开展平台聚合。

到 2027 年，全省用户侧新型储能项目规模将达到 100 万 kW 左右。支持发展电源侧储能。综合新能源特性、系统消纳空间和经济性等因素，因地制宜在风电、光伏场站内部配建新型储能设施，建设系统友好型新能源电站。支持燃煤电厂内部配建电化学储能、熔盐储能等设施，与燃煤机组联合调频调峰，提升综合效率。

到 2027 年，全省电源侧新型储能项目规模将达到 50 万 kW 左右。提高绿电应用水平。支持“新能源+储能”一体化开发，依规推进新能源项目配建新型储能，提高绿电上网能力。支持企业用户建设“微电网+储能”，提高绿电消纳水平，积极探索应对碳关税的绿电解决途径，提升外向型企业绿色贸易能力。独立新型储能项目的充放电损耗电量暂不纳入地方能耗强度和总量考核。引导技术创新应用。推动本省新型储能技术多元化发展，着力推进技术成熟的锂离子电池储能规模化发展，积极支持压缩空气、液流电池、热储能、重力储能、飞轮储能、氢储能等创新技术试点示范，应用“源网荷”各侧储能集群建模、智能协同控制关键技术。

到 2027 年，全省新型储能项目技术应用种类将达到 5 种。

江苏省发展储能的特点是以保障电网安全的电网侧储能为发展重点，寻找固定渠道也就是纳入输配电价来进行成本疏导。目前江苏省的储能主要是电网公司投资的，江苏省风光装机比例并不高，因此电力系统不缺乏调峰资源；负荷波动也不如广东省那么强烈，因此电力系统也不是特别缺乏调频资源。江苏电网的主要问题是跨江通道不足导致的苏南电网苏北电网联系不紧密，从而带来的电网安全问题。江苏省第一个电化学储能电站–镇江 101MW/202MWh 储能电站就是为了解决谏壁电厂退役带来的电网安全问题而建设的。因此江苏省为我国储能纳入输配电价开拓了道路。虽然受2019版输配电价监审办法的影响，储能暂时无法纳入输配电价，但是从长远来看，有些保障电网安全的储能，如延缓输变电投资的储能、保障末端电网供电可靠性的储能，从理论上来讲，是可以纳入输配电价的。预估国家政策也会做出相应的改变。

5. 其他省份

除上述四个特色省份之外，其他省份也进行了储能政策的探索。宁夏回族自治区发布了《自治区发展改革委关于加快促进储能健康有序发展的通知》（宁发改能源（发展）〔2021〕411号），其主要内容与山东省《关于开展储能示范应用的实施意见》（鲁发改能源〔2021〕254号）有相似之处，均为独立储能参与电力中长期市场的支持政策，与之类似的还有新疆《新疆电网发电侧储能管理办法》（发改能源〔2019〕1701号）、浙江省《关于浙江省加快新型储能示范应用的实施意见》、湖南省《关于加快推动湖南省电化学储能发展的实施意见》、河南省《关于加快推动河南省储能设施建设的指导意见》、河北省《关于加快推动新型储能发展的指导意见》、内蒙古《关于加快推动新型储能发展的实施意见》等。目前，大部分省份都处在独立储能参与电力中长期市场的阶段。

综上所述，纵观全国省级储能发展，南北省份差距较大。南方省份风光资源不丰富且装机规模较小，由于大量水电的存在，电力系统调节能力并没有什么问题，而且南方没有供暖季，火电机组没有以热定电的问题，因此南方省份配置储能的积极性并不高，对储能参与调峰需求不大，只是在探索研究新能源配置储能的方法，但实践的并不多。如四川省，全省85%的发电装机为水电，且大部分拥有巨大的水库，可以轻松实现月调节甚至季调节，在正常年份不缺乏调峰资源。广东省经济发达，拥有2000万kW燃气轮机和1000万kW抽水蓄能电站，调峰资源异常丰富，只是调频资源有些不足。只有湖南省例外，水电中80%为不具备调节能力的电站，且湖南省负荷峰谷差为国网区域内最大，湘西地区风电资源丰富，给电网带来比较大的调峰压力。而北方省份普遍风光资源丰富，水电类灵活调节电源受自然条件影响并不丰富，燃气轮机类灵活调节电源受经济水平影响也难以承受，且在供暖季，火电机组受供热影响，调节能力“预热定电”，大打折扣，出现较大规模的弃风弃光，对储能参与调峰的需求比较大。西北、华北诸多省份均要求新能源强配储能，但是也发现了新能源强配的储能利用率很低、设备质量很差，业主对充放电没有积极性等问题。山东省将分散布置的储能集中起来建设，作为省级源网荷储的一部分，在大电网统一管理下运行，同时设计了市场机制，储能电站只有充放电才能获取收益，促使业主采用高质量的设备积极地进行充放电，数据证明独立储能电站的年利用小时数约为配建储能的 2 倍，设备质量明显较好，为全国储能发展探索了一条新的道路。

从市场角度来看，全国储能的运行环境又可以分为电力中长期市场和电力现货市场环境两大类。在宁夏、陕西、湖南为代表的电力中长期市场环境下，储能充放电价基本固定，只能通过参与电力辅助服务市场来赚取费用，同时租赁给新能源作为并网条件，赚取一部分租赁费。在山东、山西为代表的电力现货市场环境下，储能充放电可以进行选择，低谷时段充电，高峰时段放电，赚取现货市场峰谷价差。个别省份比如山东还有容量电价机制，储能可以按照发电设备获取容量补偿电价。至于租赁给新能源作为新能源并网条件获取租赁费，与电力中长期市场环境相同。

全国主要省份和重点城市的新型储能政策见表 2-1（部分政策见附录 B）。

表 2-1　全国主要省份和重点城市的新型储能政策

省　份	政策和时间	主 要 内 容	特　点
新疆维吾尔自治区	2023 年 5 月 19 日《关于建立健全支持新型储能健康有序发展配套政策的通知》	1. 试行独立储能容量电价补偿，对投运的独立储能先行按照放电量实施 0.2 元/kWh 的容量补偿，2024 年起逐年递减 20%直至 2025 年 2. 对根据电力调度机构指令充电的，按照充电电量予以 0.55 元/kWh 的补偿，放电时按照 0.25 元/kWh 补偿，获得放电补偿时不再同时享受容量电价补偿。且规定了在南疆四地州投运的独立储能 2023 年调用完全充放电不低于 100 次 3. 2025 年前，发展改革委按年度发布容量租赁参考价格。2023 年容量租赁价格暂定 300 元/kW/年	新疆的容量电价是基于固定价格的补偿机制 辅助服务补偿，南疆四地州投运的独立储能 2023 年调用完全充放电不低于 100 次 出租出去的对应容量不再享受容量电价补偿
浙江省	2021 年 11 月 9 日《关于浙江省加快新型储能示范应用的实施意见》	年利用小时数不低于 600h 调峰项目给予容量补偿，补贴期暂定 3 年，补偿标准按 200 元/kW/年、180 元/kW/年、170 元/kW/年逐年退坡	浙江电力现货没有容量补偿机制，用财政补贴代替山东的容量补偿，支持力度大于山东示范项目的 60 元。但山东容量补偿常年有，连续运行 10 年后补偿能够达到浙江水平

（续）

省　份	政策和时间	主要内容	特　点
吉林省	2023年5月10日，吉林省能源局下发关于征求《吉林省新型储能建设实施方案（试行）》（征求意见稿）意见的函	示范项目充电参与电力中长期交易由市场定价，放电参照燃煤基准价执行；第一批集中式储能示范项目参与调峰辅助服务补偿价格为0.5元/kWh 首批示范项目综合单位容量租赁费指导价约为337元/kWh/年 针对集中式储能项目给予适当财政补贴	储能电站参与电力市场获取运营收益，运营单位计取少量运营管理费用后，按新能源企业租赁储能示范项目容量份额，等比例返还新能源企业或抵扣下一年度容量租赁费用。储能电站充放电损耗由承租新能源企业分摊，等比例增加至下一年度容量租赁费中
贵州省	2023年5月23日，贵州省能源局发布了《贵州省新型储能项目管理暂行办法（征求意见稿）》	电网侧新型储能项目年调度完全充放电次数应不少于300次	
河南省	2023年4月25日，河南省发展改革委发布了关于征求《加快我省新型储能发展的实施意见（征求意见稿）》意见的通知	调峰辅助服务方面，独立储能电站提供调峰服务，按照火电机组第一档调峰辅助服务交易价格优先出清，上限为0.3元/kWh 独立储能享用优先调度制，每年完全调用次数为350次 储能容量租赁参考价为200元/kWh/年 对建成投运的独立储能电站，按放电量，省财政还将提供0.3元/kWh的补贴，补贴期为2年	
河北省	2024年1月27日河北省发展改革委下发《关于制定支持独立储能发展先行先试电价政策有关事项的通知》	2024年5月31日前并网发电的，年度容量电价按100元/kW（含税、下同）执行；2024年6月1日—9月30日并网发电的，容量电价逐月退坡，年度容量电价标准分别为90元/kW、80元/kW、70元/kW、60元/kW；2024年10月1日至12月31日并网发电的，年度容量电价按50元/kW执行	全国首次给予新型储能容量电价

（续）

省　份	政策和时间	主要内容	特　点
广西壮族自治区	2023年4月3日，广西壮族自治区发展改革委印发了《广西能源基础设施建设2023年工作推进方案》	容量租赁为160~230元/kWh/年，调峰补偿为0.396元/kWh，最少调用次数为300次/年。充电电费参考购电用户工商业单一制电价，放电电费参考标杆电价	
内蒙古自治区	2022年12月19日，内蒙古自治区人民政府办公厅发布了《自治区支持新型储能发展若干政策（2022—2025年）》	纳入自治区示范项目的独立新型储能电站，按放电量享受容量补偿，补偿上限为0.35元/kWh，补偿期不超过10年 调峰方面，储能电站的调峰补偿价格以及全年利用时间目前尚无定论	
甘肃省	甘肃能源监管办印发《甘肃省电力辅助服务市场运营规则（试行）》通知	储能参与调峰容量市场补偿标准上限为300元/MW/日	首次为储能电站开放了调峰容量市场
陕西省	2022年3月25日《陕西省2022年新型储能建设实施方案（征求意见稿）》	示范项目充电电价按照当年新能源市场交易电价并给予100元/MWh充电补偿；放电电价按照燃煤火电基准电价，给予100元/MWh放电补偿	将山东省的充1度电补偿0.2元改成了充1度补偿0.1元，放1度补偿0.1元。将山东省的充放相抵原则改为充放分别确定电价。补偿力度低于山东省鲁发改能源〔2021〕254号文
宁夏回族自治区	2022年5月10日《关于开展2022年新型储能项目试点工作的通知》	给予自治区储能试点项目0.8元/kWh调峰服务补偿价格。全寿命周期内完全充放电前600次不考虑价格排序，优先调用	辅助服务补偿全国最高，对最早的600次有保障，但没有长效机制。宁夏储能每年调用约250次，10万kW储能电站辅助服务费为4000万元/年，支持力度大于山东省鲁发改能源〔2021〕254号文
青海省	2021年1月18日《关于印发支持储能产业发展若干措施（试行）的通知》	储能发售的电量运营补贴为0.1元/kWh（使用青海储能电池60%以上的项目，再增加0.05元/kWh）	补贴力度即使用青海储能电池也小于山东省鲁发改能源〔2021〕254号文

（续）

省　份	政策和时间	主要内容	特　点
南方五省	2022年3月22日《南方区域“两个细则”》	以广东为例，储能深度调峰补偿标准为0.792元/kWh	补偿力度仅次于宁夏，大于山东省鲁发改能源〔2021〕254号文。但无利用小时数的规定
安徽省合肥市	2022年6月21日《合肥市进一步促进光伏产业高质量发展若干政策》	对装机容量1MWh及以上的新型储能电站，自投运次月起按放电量给予投资主体补贴不超过0.3元/kWh，连续补贴不超过2年，同一企业累计最高不超过300万元	项目最高补偿300万元，不如山东省政策
安徽省芜湖市	2022年3月4日《芜湖市人民政府关于加快光伏发电推广应用的实施意见》	对新建光伏发电项目配套建设储能系统，储能电池采用符合相关行业规范条件的产品，储能电站运营主体补贴为0.3元/kWh，同一项目年补贴最高为100万元，单个补贴年限为5年	项目最高补偿100万元，不如山东省政策
四川省成都市	2024年1月5日《成都市优化能源结构促进城市绿色低碳发展政策措施实施细则（试行）》	支持用户侧、电网侧、电源侧等配套建设储能设施，对2023年以来新建投运的储能项目（抽水蓄能项目除外），实际年利用小时数不低于600h的，按照储能设施每年实际放电量，给予0.3元/kWh运营补贴，装机规模为5万kW以下的、5万kW（含）~10万kW、10万kW（含）以上的项目年度最高补贴分别为500万元、800万元、1000万元，连续补贴3年	
江苏省苏州市工业园区管委会	2022年3月1日《苏州工业园区进一步推进分布式光伏发展的若干措施》	支持光伏项目配置储能设施，2022年1月1日后并网，且接入园区碳达峰平台的储能项目按放电电量给予0.3元/kWh的补贴，连续补贴3年	放电度电补偿0.2元，高于山东省鲁发改能源〔2021〕254号文的充电度电0.2元，且只有3年
江苏省苏州市吴江区	2021年11月19日《苏州市吴江区分布式光伏规模化开发实施方案》	每年安排一定的财政资金，对2021年7月—2023年底期间并网发电，且接入全区光伏发电数字化管理平台的光伏和储能项目进行补贴。对实际投运的储能项目，按放电量给予运营主体补贴0.9元/kWh，补贴2年放电量	放电度电补偿0.9元，高于山东省鲁发改能源〔2021〕254号文的充电度电0.2元，且只有2年

（续）

省　份	政策和时间	主要内容	特　点
浙江省诸暨市	2023年4月24日《诸暨市整市推进分布式光伏规模化开发工作方案》	在诸暨市建设新型储能设施的，市财政按200元/kWh给予储能设施投资单位一次性补贴，单个项目最高不超过100万元。允许新型储能设施投资企业按市场化运营方式向光伏投资企业租售储能容量，租售的储能容量可计算在光伏投资企业光伏装机容量10%的总体配套储能容量中	针对小项目具备可实施性，大项目比较难落实
广东肇庆高新区	2022年12月10日《肇庆高新区节约用电支持制造业发展补贴资金申报指南》	肇庆高新区制造业企业利用厂区内空间建设，于2021年9月30日—2022年9月29日期间在肇庆高新区相关职能部门备案，验收合格并已投入使用的储能、冰蓄冷项目，以建成的项目总装机容量为基础，按150元/kW的标准确定项目装机容量补贴金额，发放给制造业企业（场地提供方和项目建设方按7∶3比例分配），每个项目（企业）的补贴金额总和不超过100万元。该企业不属于发改部门认定的“两高”企业且无建设“两高”项目，项目建设方需为在肇庆高新区注册的企业	项目最高补偿100万元，不如山东省政策

2.2　我国新型储能主要应用场景划分

新型储能在我国电力系统中的应用，如果按照作用来划分主要有4个应用领域：可再生能源并网、辅助服务（或参与现货市场）、保障电网安全和为用户盈利。辅助服务包括调峰、调频、提供备用容量。如果从储能系统安装的位置来划分则可划分为3个应用场景，分别为发电侧、电网侧、用户侧。如果按照在电力市场中的地位来划分则可划分为2个市场地位，分别为独立储能和配建储能。

2.2.1 按照作用来划分

1. 可再生能源并网

2020年以前，全国电力系统可再生能源装机比例不断提升，导致电网调节困难，部分省份要求可再生能源并网必须配置储能，逐渐形成风气，据不完全统计，全国已经有20多个省份要求新能源配置储能。配置的储能并不是为可再生能源服务，而是出于行政命令，主要还是为电网调节服务。新能源配置储能客观上可以解决新能源送出受限问题，而且比较简单，政府只需要一纸公文就可以要求新能源企业配储。

2. 辅助服务（或参与现货市场）

电力系统在实际运行过程中，总的用电负荷有高峰低谷之分。由于高峰负荷仅在一天的某个时段出现，因此，需要配备一定的发电机组在高峰负荷时发电，满足电力需求，实现电力系统中电力生产和电力消费间的平衡。储能系统可在电力负荷供需紧张时，向电网输送电能，协助解决短时、局部缺电问题。而对于新能源装机容量较大的电网，宜出现低谷负荷，电力供应盈余的问题。储能系统可以在电力供应盈余时，吸收电网多余电能，减少弃风弃光率，提高电网新能源渗透率。除了调峰，储能还可以快速响应电网指令，参与电网调频服务。

3. 保障电网安全

储能保障电网安全的作用可以体现在延缓输变电投资、提高供电可靠性、应急保电、紧急功率支撑、黑启动等方面。以延缓输变电投资为例，在输电网中，负荷的增长和电源的接入，特别是大容量可再生能源发电的接入都需要新增输变电设备、提高电网的输电能力。然而，受用地、环境等问题的制约，输电走廊日趋紧张，输变电设备的投资大、建设周期长，难以满足可再生能源发电快速发展和负荷增长的需求。大规模储能系统可以作为新的手段，安装在输电网中，解决局部电网输电阻塞问题，延缓输变电设备的投资。

4. 为用户盈利

储能主要应用于分时电价管理、容量费用管理、提高供电质量和可靠性等方面。分时电价管理：在实施分时电价的电力市场中，低电价时给储能系统充电，高电价时储能系统放电，通过低存高放降低用户的整体用电成本。容量费用管理：在电力市场中，存在电量电价和容量电价。电量电价指的是按用户实际发生电量计费的电价。容量电价则主要取决于用户用电功率的最高值。使用储能设备为用户最高负荷供电，可以降低输变电设备容量，减少容量费用，节约总用电费用。提高供电质量和可靠性：当电网异常发生电压暂降或中断时，用户侧安装的储能系统可改善电能质量，解决闪断现象；当供电线路发生故障时，可确保重要用电负荷不间断供电，从而提高供电的可靠性和电能质量。

2.2.2　按照地点来划分

1. 发电侧应用

发电侧储能安装在发电厂与电网关口表的发电厂侧。储能设施在发电侧应用主要包括以下两个方面，一是可再生能源并网，二是改善火电机组的 AGC 调频特性。如风电配置储能减少偏差考核，火电配置储能联合火电机组提高火电参与 AGC 调频的精度和速度等。

可再生能源并网方面。风电和光伏发电出力随机性、波动性较大，特别是在一些比较偏远的地区，风、光资源丰富但电网较为薄弱，宜出现弃风、弃光问题。风电、光伏电站安装储能系统，在电网调峰能力不足或输电通道阻塞的时段，储能系统存储电能，缓解输电阻塞和电网调峰能力限制，在新能源出力水平低或不受限的时段，释放电能，提高新能源上网电量，减小或避免弃风、弃光。同时，可以平滑新能源出力，提高可再生能源发电的并网友好性。

改善火电机组的 AGC 调频特性方面。电力系统频率是电能质量的主要指标之一。频率的偏差不利于用电和发电设备的安全、高效运行，有时甚至会损害设备。因此，在系统频率偏差超出允许范围后，必须进行频率调节。调频辅助服务主要分为一次调频和二次调频（AGC 辅助服务）。火电机组参与调频，会使机组部分组件产生蠕变，造成设备受损，提高了发生故障的可能，即降低了机组的可靠性，同时还增加了更换设备的可能性和检修的费用，最终降低了整个机组的使用寿命。储能技术具备快速响应速度，将储能装置与火电机组联合作业，用于辅助动态运行，可以提高火电机组 AGC 调频性能，避免对机组的损害，减少设备维护和更换设备的费用。2013 年，全球首例将 MW 级储能技术运用于火力发电 AGC 调频的储能项目在石景山热电厂投运；2015 年 11 月投产的京玉电厂项目是全国第一个商业运行火电储能项目。目前，以山西为代表的三北地区，以及广东地区已经建成了 30 多个火电 AGC 调频储能项目。配套储能以磷酸铁锂电池为主。

2. 电网侧应用

电网侧储能安装在发电电网关口表与电网用户关口表之间。储能系统在电网侧中的应用主要是保障电网安全，延缓输变电投资。如在城市中心区建设储能延缓输电线路走廊紧张地区的输变电设备投资、增强农村台区供电可靠性、重大活动用电保障等。

目前国内已投产或在建的电网侧项目主要位于江苏、湖南、广东等省，包括江苏镇江 10.1 万 kW/20.2 万 kWh 储能电站、河南电网 10 万 kW/20 万 kWh 电池储能示范工程、湖南长沙 6 万 kW/12 万 kWh 电池储能电站、深圳供电局潭头变电站 0.5 万 kW/1 万 kWh 储能装置，在建的电储能电站包括江苏扬州、淮安、南京、扬中、丹阳储能电站，广东 110kV 松木站配套储能，大连融科 20 万 kW/80 万 kWh 液流电池储能电站等项目。配套储能以磷酸铁锂电池、全功率放电时间 2h 为主。

3. 用户侧应用

用户侧储能安装在电网用户关口表的用户侧。其主要作用是为用户服务，有以下几点：

1）平衡能源供需：用户侧储能可以将多余的电能储存起来，以备不时之需，当能源供应不足或需求高峰时，用户可以借助储能设备释放储存的电能，从而平衡能源供需，提高电网的稳定性。

2）提高能源利用率：传统能源系统存在能源浪费的问题，而用户侧储能则可以将多余的电能储存起来，以备不时之需，用户可以更加高效地利用电能，降低能源浪费，提高能源利用率。

3）降低能源成本：用户侧储能可以在能源价格低的时候储存电能，在能源价格高的时候释放电能。但是也要注意容量电费的提升可能会给用户带来额外负担。

目前，我国已建成的用户侧储能项目主要集中在浙江、江苏、广东峰谷电价差高且有两充两放机会的省份，江苏飞达集团 2 万 kW/16 万 kWh 智慧储能电站、广州从化万力轮胎 0.6 万 kW/3.6 万 kWh 储能项目等一大批储能电站项目已经建成。配套储能以磷酸铁锂电池和铅碳电池为主。

2.2.3 按照市场地位来划分

1. 独立储能

独立储能指的是具备独立计量、控制等技术条件，以独立主体身份直接与电力调度机构签订并网调度协议，由电力调度机构调度管理的储能。独立储能作为独立市场主体，可独立参与市场交易。

2022 年 6 月，国家发展改革委办公厅、国家能源局综合司发布《关于进一步推动新型储能参与电力市场和调度运用的通知》（发改办运行〔2022〕475 号），坚持发挥市场在资源配置中的决定性作用，解决了储能参与电力市场的一系列实质性问题，第一次明确了独立储能的定义及参与市场的方式，为储能持续盈利和健康稳定发展移除了重大障碍。《通知》指出独立储能指“具备独立计量、控制等技术条件，接入调度自动化系统可被电网监控和调度，符合相关标准规范和电力市场运营机构等有关方面要求，具有法人资格的新型储能项目”。这是《通知》的一个重大贡献。

不同于传统的发电侧储能、电网侧储能、用户侧储能的划分，近年来独立储能（一些场景下又称“共享储能”或与“共享储能”不单独区分）的概念兴起。在山东省 2021 年建设的 5 个独立共享储能调峰示范项目中，华能黄台电厂储能建设在火电厂空余建设用地内，接入电厂 220kV 母线，利用现有线路连接电网；国家电投海阳项目利用海上风电陆上升压站备用间隔接入现有 220kV 母线，利用现有线路接入电网。两个电站在电气二次设计上均采取了创新，独立设置关口表和调度系统，成为独立储能电站。也就是说，独立储能的兴起打破了按照投资方或者按照建设地点定义储能的方式，转而按照市场地位定义储能：无论是谁投资，无论储能建设在什么地点，只要具备独立的计量、控制等技术条件，具有独立法人资格，就可以作为独立储能电站。

2. 配建储能

配建储能指的是配合新能源、火电或者用户等其他电力市场主体建设，无独立主体身份，不直接接受电力调度的储能。新能源配建储能提升新能源消纳、火电配建储能用于调峰和调频、用户配建储能节省输配电价及容量电费等一系列储能应用，储能均没有独立市场地位，不能独立参与市场，智能与新能源、火电、用户等市场主体结合，作为市场主体的附属品，协助主体提高性能、灵活调节，更好地在市场中盈利。这类储能均可以叫作配建储能。

2.2.4　储能发展的未来方向

目前，大型储能电站发展的主要方向是独立储能电站。独立储能电站概念类似于电网侧储能，独立为电力系统提供调峰、调频等服务，电网企业、电力投资商都可以参与建设，是大型储能市场化发展的主要方向。独立储能的盈利模式发展有三个阶段：

输配电价阶段。2018 年国家电网江苏公司主导的电网侧储能电站可以视作第一批独立储能，当时还是叫作电网侧储能。建设储能的主要目的是保障电网安全，以纳入输配电价为主要盈利方式，国家电网河南公司也进行了一批试点。但受到国家输配电价监审办法影响，储能无法纳入输配电价，也很难界定哪些储能符合电网投资要求，导致第一代盈利模式发展困难。

辅助服务阶段。2019 年，国家电网青海公司、国家电网湖南综合能源公司开始将分散在新能源场站内的储能集中起来，按照电网侧储能的方式进行建设，叫作共享储能，新能源场站租赁集中建设的共享储能作为并网条件。2021 年山东省能源局对共享储能政策进行改进，储能纳入辅助服务，通过一定规则保障储能参与辅助服务的利用小时数和价格，在国家电价政策框架下确定了储能充放电电价相抵原则，为发电企业等电力投资方建设共享储能扫清了障碍，储能盈利来源由新能源租赁、调峰辅助服务市场和优先发电量计划奖励组成，储能进入市场化发展的道路。宁夏、陕西等省份也根据省情出台了基于辅助服务的政策。

现货市场阶段。2021 年 12 月 1 日，山东省进入电力现货市场。山东省首批共享储能电站建成后，直接进入电力现货市场运行，逐渐改变称呼，称为“独立储能”。现货下保留新能源租赁，但是辅助服务和优先发电量计划不复存在。储能可以赚取发电侧峰谷价差获利，并获取现货市场下发电侧容量电费。山东省能源局对储能参与现货的理论研究始于 2020 年，于 2022 年 3 月 2 日正式落地运行，这是全国第一批现货运行的储能电站。2023 年，广东、山西也陆续建成了独立储能电站进入电力现货市场运行。

未来，新型储能的发展必然伴随着新型电力系统的发展而继续演化。新型电力系统是从物理架构和运行机制上的一次重构。既有风光发电对火电方面的替代，也有现代电力市场对传统计划经济的替代。分布式发电、各类调节资源等新型主体不断涌现，电价根据时段、绿电、可靠性等属性被赋予不同的价值，配电网局部平衡将有效缓解大电网调节压力。未来新型储能在储存绿电、提供可靠性方面会继续发挥重要作用，并在配网平衡中发挥更多作用。新型储能是未来新型电力系统的基础性硬件，随着市场规则的不断发展而承担更多责任，获取更多收益。

2.3 我国新型储能商业模式探讨

电力系统各个参与方在电力发出、传输、配送、使用过程中的盈利模式和付费方式非常复杂，总的来说，可以按照发电侧、电网侧、用户侧来分别讨论。

目前我国电力系统还是以计划经济为主，部分允许发电和用电直接交易，叫作电力中长期市场。以新疆为例，发电侧上网电价、用电侧用电的电价执行政府定价，价格由自治区发改委价格处确定。除了政府定价之外，新疆还实施了发电厂和大用户直购电交易方式，又称“直接交易”，即发电场站和大工业用户直接达成一个电力的价格，发电厂将所发电力通过电网传输给用户，发电厂按照达成的电价向用户收费，用户每度电的支出，除了向发电厂缴纳达成的电价之外，还要向电网缴纳过网费（又称“输配电价”）和基金附加，输配电价和基金附加由政府定价。

除了电力中长期市场，近年来我国也在部分省份开展了电力现货市场体制的探索，但是模式没有固定，也主要集中在东部发达省份，以山东为例，全省用电量的一半通过电力现货市场方式解决，分为中长期市场、日前市场和实时市场。发电企业报量报价，用户报量不报价，储能报量不报价，每天根据供需关系形成 96 个点的电价，叫作节点电价，发电企业向电网卖电获取节点电价。用户除了中长期市场的长期协议之外，其余电量按照日前和现货结算，缴纳电价为节点电价+输配电价+政府性基金及附加。

2.3.1　电源侧商业模式与问题

发电侧储能一般指建设在发电厂关口表内的储能，由发电企业投资建设。这类储能配合电源联合参与电力市场，获取发电侧的辅助服务收益，或提高现有电源参与现货市场的灵活性，采取低谷少发电，高峰多发电的方式盈利。

1. 系统友好型新能源电站

全国已经有二十多个省份出台了新能源配置储能的政策，在电力中长期市场下，新能源发电上网电价是固定值，储能充放电的电量损失需要新能源企业自担，因此新能源企业不愿意充放电，配储无商业模式，利用率低。在电力现货市场下，新能源发电上网电价的现货部分是变化的，理论上新能源企业可以和配建储能配合少发低价电，多发高价电。但是实际上，新能源进入现货市场本身就不赚钱，为了保护新能源投资积极性，很多省份让新能源部分进入现货市场。以山东为例，2023 年新能源发电 10%进入现货，90%仍执行标杆电价，储能由于没有单独的关口表，所发电量就是新能源电量，导致充放电作用仅有 10%在电价差中能够体现，还不如损耗多。因此，无论在电力中长期还是在电力现货市场下，新能源配建储能都没有商业模式。

2. “源网荷储”多能互补模式

“源网荷储”模式为国家能源局推动，后来下放到各省能源局继续推动，总体来说发展并不快。源网荷储一体化是一个涉及电力系统的概念，本质是组成一个可以自我调节的小电力系统，起码可以做到部分调节，减轻大电网的压力，它由四个部分组成：“源”“网”“荷”和“储”。源（电源）指的是为电力系统提供能量的来源，包括传统的化石能源如煤炭、石油和天然气，以及可再生能源如太阳能、风能和水能等。网（电网）指的是负责电力的输送的网络，涵盖了输电、变电和配电等多个环节。荷（负荷）指的是终端用户消耗的电流量，包括工业、商业、农村和城市民用等各种用电器具，如空调、照明和工业设备等。储（储能）则是为了调节电网供需平衡的一种技术，能够根据需求进行电能的储存或释放，类似于一个大型的“充电宝”，有助于稳定电力供应并提高系统的安全性。

源网荷储通过源源互补、源网协调、网荷互动、网储互动和源荷互动等多种交互方式，实现了一种更经济、更高效和更安全的电力系统运行模式。这种模式旨在提高电力系统的功率动态平衡，并且本质上是实现能源资源最大化利用。但是源网荷储在营销层面碰触到电力系统两个老话题：“隔墙售电”和“电力专线”。电源和负荷大概率不在同一地点，特别是风光发电站。如果想把电力输送到负荷，必须通过“隔墙售电”或者“电力专线”。在电力体制改革尚未到位的今天，这两项很难突破，这也是源网荷储发展不快的根本原因。在这种情况下，源网荷储内部的储能盈利模式更是困难。

3. 储能调频电站

火电+储能调频储能电站兴起于山西、广东，后向全国推广。在电力辅助服务市场中，地方能源监管部门会根据各地电力系统调频资源缺乏程度，确定调频资源的规则和奖励额度。山西和广东调频资源缺乏，因此调频奖励较高，调频对速度和精度要求较高，火电机组的 AGC 调频性能存在延迟、偏差现象，而电化学储能 AGC 跟踪曲线与指令曲线基本能达到一致，做到精准调节，基本不会出现火电调频中的调节反向、调节偏差和调节延迟等问题。因此电厂在火电机组上增加储能“外挂”，储能配合火电大幅提高调频性能，获利颇丰。

发电侧储能调频的商业模式主要取决于电力辅助服务市场中的调频政策，而调频政策主要是根据当地的调频需求确定的。广东、山西等地调频资源匮乏，价格较高；山东、江苏等地调频资源逐渐紧张，调频价格逐步上涨；华中地区、云贵川地区水电资源丰富，调频资源丰富，因此储能调频价格并不高。

4. 其他电源与新型储能融合类型

从更广义上来讲，储能还包括储热和氢储能。新能源离网制储氢、火电厂制储氢都可以看作电源与新型储能的融合，热电联产机组的热水蓄热、固体蓄热、工业蒸汽熔盐蓄热等储能也是电源与新型储能的融合。这类储能面临的商业模式的最重要问题就是电价问题，是按照大工业（一般工商业）电价还是按照独立储能充电电价来执行，一直困扰发改价格和电网营销部门。这背后就是这类储能身份认定问题，如果将这类储能认定为消耗电网电能变为工业品（蒸汽、氢气）出售的设备，则需要向其收取大工业（一般工商业）电价，一般是两部制电价，新型储能无法生存；如果认定其为独立储能，则可以免收输配电价，同时给予调峰补偿。

山东省在《关于促进我省新型储能示范项目健康发展的若干措施》（鲁发改能源〔2022〕749 号）文中做出了相关规定："燃煤机组通过'热储能'方式在最小技术出力以下增加的深度调峰容量、燃气机组调峰容量和电解水制氢装机调峰容量，经电力技术监督机构认定后，其容量可在全省范围内租赁使用。其用电按照厂用电管理但统计上不计入厂用电"，但这仅是一个省级的政策，需要国家发改价格部门专门予以认定。

2.3.2　电网侧商业模式与问题

电网侧储能一般是指电网企业投资的储能，或者是既不建设在发电厂关口表内，也不建设在用户关口表内的储能。商业模式的主要问题是能够纳入输配电价，能否纳入输配电价的核心问题是如何认定哪些储能属于保障电网安全的储能，具备纳入输配电价的特征。以下几种应用场景可认为是保障电网安全的储能。

1. 关键电网节点合理布局新型储能

设置在关键电网节点的储能，可以提供紧急功率支撑，或者为变电站提供调节服务，延缓变压器更换或输电线路更换的速度，可以认定为保障电网安全的储能，纳入输配电价。但是发电企业建设的独立储能也可以起到这个作用，如何区分存在一定问题。

2. 延缓或替代输变电设施升级改造

大城市中心区输电线路建设困难，峰谷差很大，在负荷持续增长的环境下，可以通过增加储能设施的方式来解决线路输送容量不足的问题；新能源集中区域的储能，如果在个别时段存在送出受限的问题，则建设储能延缓了输变电设备的投资；部分台区或者农村用电负荷不大，峰谷负荷差距大，输送距离远，电压支撑和功率支撑能力不足，在这种情况下，通过在负荷处设置储能设施，如山东在黄河滩区改造中进行的农村台区储能配置，可以解决线路距离过长输变电设备利用率不高等问题。上述几种场景均为延缓或替代输变电设备升级改造的应用场景，可以纳入输配电价。技术经济测算证明，在用电量小、输电距离长的边远地区，储能的造价比建设输配电设施更低；反之在用电量大、输电距离短的中心地区，建设输变电设施的造价比储能更低。

3. 应急备用电源

部分一类或二类负荷要求双电源供电，但有些场地实现双电源供电非常困难，或者代价较高。可以通过储能设施代替柴油机作为备用电源，解决重要负荷供电可靠性问题。这类应用可以纳入输配电价。

2.3.3 用户侧商业模式与问题

用户侧储能部署于商业、工业或住宅用户的电表后，不受配电系统运营商的直接控制，可通过峰谷价差套利、需量电费管理、动态增容、需求响应以及提高新能源自用率5个应用场景获益。需量电费管理和动态增容的经济性都局限于特定场景和用户。目前，峰谷价差套利是我国用户侧储能最主要的盈利方式。随着竞争性需求响应市场的发展，需求响应将成为用户侧储能收益快速增长的潜在来源。用户侧储能的主要商业模式如下：

1. 独立运营模式

将电池储能独立安装在用电客户端，用于提高用户负荷调控能力和供电可靠性。盈利方式包括削峰填谷（利用峰谷价差套利降低电量电费）、需量管理（通过削减用电尖峰降低基本电费）和参与需求响应（通过响应电网调度指令改变用电负荷获取收益）。

2. 微电网运营模式

在微电网中安装储能装置，提高供电可靠性和电能质量，支持高比例分布式可再生能源接入。盈利方式包括通过峰谷价差获利、减少倒送电网的电量等。

3. "以租代售"运营模式

储能项目开发商将储能系统租赁给用户，用于降低高峰电费和需量电费、提供备用电源。租赁期可以根据目标用户或产品应用灵活设定，用户每月支付租金，涵盖设备使用费、运维费用、软件费用等。

4. 储充一体化运营模式

储能装置与分布式光伏系统结合，在光伏发电出力高峰期存储余电，并在夜间高峰电价时段释放电力，减少高峰电费支出，增加用户收益。盈利来源为用户峰时用电电价与余电上网电价的价差。

2.3.4　独立储能商业模式与问题

独立储能项目是指具备调度直控条件，以独立市场主体身份直接与电力调度机构签订并网调度协议，不受接入位置限制，纳入电力并网运行及辅助服务管理，并按照其接入位置与电网企业和相关发电企业或电力用户等相关方签订合同，约定各方权利义务的储能电站项目。目前其收益主要来源于调峰和调频收益，以及容量租赁费。

1. 调峰收益

独立储能在电力中长期市场下，调峰收益为参与调峰电力辅助服务市场获取调峰收益；在电力现货市场下，调峰收益为参与现货电能量市场获取发电侧峰谷价差。

在电力中长期市场下，从调峰单价看，电储能参与部分地区调峰辅助服务的价格并不低，如南方五省对电力机构直接调度的储能电站提供的调峰服务按 0.5 元/kWh 补偿；新疆对根据电力调度机构指令进入充电状态的电储能设施所充电的电量按 0.55 元/kWh 补偿；宁夏独立储能电站市场交易申报价格参考现货市场火电机组深度调峰第四档区间，为 0.75~0.95 元/kWh。考虑到系统调峰需求存在明显的季节性差异，比如冬、夏季节空调负荷特性有明显不同，储能实际能够参与调峰的频次取决于系统需求，较高的调用不确定性增大了储能电站的投资风险。

在电力现货市场下，调峰辅助服务市场将不再运行，独立储能电站自主参与电力现货市场，不再接受电网调度，储能电站盈利能力取决于现货价差和现货预测水平。现货价差方面，山东、山西等北方省份调峰资源紧张，反映在现货价格上就是现货价差比较大；广东、四川等省份调峰资源不紧张，反映在现货价格上就是现货价差比较小。另一方面，通过电能量市场价差进行套利，也对经营能力提出了更高的要求。

2. 调频收益

目前，我国有 9 个省份和地区发布相关文件支持能够在较短时间内进行快速充放电的功率型储能电站作为独立主体参与调频服务市场。在交易方式方面，多采用集中竞价、统一出清和边际价格定价的方式开展。但各省份和地区的调频补偿标准和收益的具体计算方式仍在不断调整。调频政策的不稳定性和有限的调频市场规模也制约着储能电站的发展。目前福建的独立储能电站参与电力系统调频获得了巨大的成功，百兆瓦级储能电站已经实际运行在福建调频市场上，在性能指标方面遥遥领先。山西建设 2 万 kW 锂电+3 万 kW 飞轮独立储能电站，瞄准一次调频市场。山东烟台龙源独立储能电站在 20 万 kW 的锂电池独立储能电站上配建了 3MW/6min 超级电容系统，拟参与山东一次调频、爬坡市场。

3. 容量租赁费

随着新型电力系统加快构建，全国多地将配建储能作为新能源并网或核准的前置条件，但实际运行效果不及预期，新能源自配储能模式持续引发行业争议。从各省实际应用来看，“共享独立储能模式”越来越多地得到市场认可，新能源无需配建储能，而是通过租赁储能的方式获取并网资格，共享独立储能电站直接接受电网调度，统一管理，统一建设，效率费用比更高，管理更完善，也更安全。自 2021 年来，已有宁夏、青海、山东、河南、湖南、浙江、内蒙古、广西等九省区陆续出台了鼓励共享储能发展的指导意见。据不完全统计，2021 年备案的共享储能项目达 85 个，总建设规模超 12GW/24GWh。

随着未来辅助服务市场与现货电能量市场的发展，独立储能如何参与中长期交易、现货、调峰、备用等多个电力市场，还需要进一步探讨，也留下了很大的发展空间。

2.4 各省份对新型储能参与电力市场的实践

2.4.1 储能实践开展情况

为了积极响应国家号召，各省积极推动储能行业发展，积极开展实践。如：

浙江省将新型储能项目明确列入政府工作报告当中，将 100 万 kW 新型储能项目作为 2021—2023 年的工作目标，引导新型储能通过市场方式实现全生命周期运营，过渡期间调峰项目给予容量补偿，补贴期暂定 3 年。

山东省把新型储能纳入全省能源发展“十四五”规划重点，出台全国首个储能示范应用实施意见，推出储能优先、平进平出、优先发电量计划奖励等政策，在 2021 年 12 月的山东现货市场结算试运行后，目前有 6 座独立储能电站在山东电力交易平台完成市场注册，参与电力现货市场直接交易，积累了丰富的运行数据。

江苏省要求推进电化学储能、压缩空气储能等新型储能技术应用，发展电网侧、用户侧、电源侧储能项目，推动储能系统耦合风电、光伏、火电发展，支持储能电站参与深度调峰、旋转备用、紧急短时调峰等电力辅助服务等。

河南省要求在源、网、荷侧应用场景建设一批多元化新型储能项目，大力发展电源侧储能，鼓励推广独立共享式储能模式，力争 2025 年并网新型储能装机规模达到 220 万 kW。

2.4.2　电力中长期市场下的实践

从储能运行的市场环境来看，宁夏、新疆、陕西等省区尚未启动电力现货运行，尚处于电力中长期市场条件下。在这些条件下，储能可租赁给新能源作为并网条件、参与电力辅助服务、获取优先发电量计划。山东省在 2021 年 12 月 1 日进入电力现货市场运行之前，也处于电力中长期市场下，山东省设计的储能参与中长期市场模式为全国广泛引用。下面以山东为例，介绍在电力中长期市场的政策设计。

1. 电力中长期市场下的独立储能

调峰收益。调峰收益主要是确定储能调峰时间和储能调峰价格。针对调峰时间，经省电力调度中心研究，确定当全省任意一台直调公用机组运行至 50% 以下时优先调用储能示范项目参与调峰的规则。按照 2019 年调度情况计算，按此规则年充电利用小时数为 743h，2020 年为 1043h。2021 年随着风光比例增加，按此规则年利用小时数必然超过 1000h，充电时间有保障。针对调峰价格，山东能源监管办将山东现行的火电深度调峰价格进行改进，参照火电调峰的最高 150 元/MWh，竞价确定原则，规定储能按照 200 元/MWh 固定价格给予补偿。由此，100MW/200MWh 电化学储能调峰电站调峰收益可计算，约为 2000 万元/年。

储能租赁收益。共享储能可为新能源电站提供租赁服务，满足其并网要求。按照山东风光资源和风光电站成本，考虑光伏和风电运行的承受能力和山东发电机组上网标杆电价，山东储能年租赁收费标准最高为 330 元/kW/年。河南省也在进行类似研究，建议储能租赁标准为 260 元/kW/年。各省风光利用小时数不同，上网标杆电价不同，因此租赁费会有差异。

计划电量奖励收益。电力辅助服务市场下，能源主管部门有分配优先发电量计划的权利，火电企业获取优先发电量计划，在煤价合适的情况下可以盈利。根据对2016—2020年连续五年平均煤价和火电发电成本的测算，山东火电厂每获取1度优先发电计划，可以获利约0.12元。为了满足储能收益率要求，政策规定储能项目投产后五年，按照该储能项目充电1kWh可获得1.6kWh计划电量方式给予补偿。

损耗电量收费。如果按照现行电价政策，储能充电时作为用户，需按照目录电价缴纳大工业两部制电费，容量电价为38元/kW/月，电量电价执行峰谷平，平均电价在0.6元/kWh左右；放电时作为发电企业，仅能获取0.3949元/kWh的收益，充放电将出现巨亏。山东省能源局协调发展改革委和电网公司，确定充放相抵原则，即充电后发出的部分，电网公司与储能电站互不收费；充电后损耗的部分，储能电站按照单一制电价向电网缴费，由于充电一般在谷电，因此度电损失为谷电电价。

2. 电力中长期市场下的配建储能

调峰收益。对于配建储能，并未规定参与调峰的次数和规则，只是根据调度需要随时调用配建储能。针对调峰价格，配建储能参照火电调峰的价格执行。

储能租赁收益。配建储能可为新能源电站提供接入电网服务，相当于配建储能租给同场内的新能源。按照山东风光资源和风光电站成本，考虑光伏和风电运行的承受能力和山东发电机组上网标杆电价，山东储能年租赁收费标准最高为330元/kW/年。

损耗电量收费。如果按照现行电价政策，由于配建储能没有单独关口表，与新能源场站共用一个关口表，因此储能充电时若新能源场站发电，则充电电量相当于新能源少发电量；若新能源场站不发电，则充电电量相当于购买电网电量，需按照新能源场站的厂用电标准缴纳电费，平均电价在0.6元/kWh左右。放电时作为发电企业，相当于新能源场站发电，仅能获取0.3949元/kWh的上网标杆电价收益。

3. 电力中长期市场下独立储能和新能源配建储能盈利对比（见表2-2）

独立储能可享受辅助服务定量电价、储能租赁收益和优先发电量计划奖励的收益，配建储能可享受辅助服务收益、储能租赁收益，且参与辅助服务市场的价格和时长都没有保障。但是配建储能由于接入电压等级较低，工程造价要稍低一些。

表 2-2　电力中长期市场下独立储能和新能源配建储能盈利对比

对比类别	独立储能	新能源配建储能
收益来源	辅助服务市场+新能源承担+优先发电量奖励	辅助服务市场+新能源承担
收益模式	（1）辅助服务，200 元/MWh，1000h/年 （2）租赁费 330 元/kW （3）优先发电量奖励 1600 万元/年	（1）辅助服务，143.5 元/MWh，500h/年（无政策保障估计达不到） （2）租赁费 330 元/kW
资本金内部收益率	10.71%	-0.08%
工程静态投资	2.10 元/Wh	1.9 元/Wh
运行成本	储能损失度电价格为 0.3111 元	储能损失度电价格为新能源上网电价

4. 各省中长期市场下储能政策对比

山东省储能政策拉动了五个百兆瓦级独立储能电站的建设，并在配建储能上进行了实践，配建储能电站建设较早，参与了电力辅助服务市场并获得了一定的额回报。电力中长期市场下代表性省份与山东省储能政策对比见表 2-3。

表 2-3　电力中长期市场下代表性省份与山东省储能政策对比

山　东	宁　夏	新　疆	陕　西
风电光伏项目按比例要求配建或租赁储能示范项目的，优先并网、优先消纳。增量新能源配储能	将配置储能作为新能源优先开发的必要条件。同一企业集团储能设施可视为本集团新能源配置储能容量。增量存量都配储能	新疆电网上网电价为 0.25 元/kWh，全国最低，增量新能源配储能盈利很困难。新疆执行建设储能配套新能源指标的政策	无政策。未规定新能源配置储能可以优先并网优先消纳
示范项目参与电力辅助服务报量不报价，在火电机组调峰运行至 50%以下时优先调用，按照 200 元/MWh 给予补偿	储能调峰服务补偿价格另行制定，原则上处于火电深度调峰交易第一、二档价格之间。原则上每年调用完全充放电次数不低于 250 次	根据电力调度机构指令进入充电状态的电储能设施所充电的电量进行补偿，补偿标准为 0.55 元/kWh。但没有规定年调度小时数	给予 100 元/MWh 充电补偿，给予 100 元/MWh 放电补偿。无小时数保障政策

（续）

山　东	宁　夏	新　疆	陕　西
示范项目充放电量损耗部分按工商业及其他用电单一制电价执行。结合存量煤电建设的示范项目，损耗部分参照厂用电管理但统计上不计入厂用电	无政策。只能按照现有政策，充电按照用户两部制电价缴费，放电按照上网标杆电价缴费	无政策。只能按照现有政策，充电按照用户两部制电价缴费，放电按照上网标杆电价缴费	充电电价按照当年新能源市场交易电价，放电电价按照燃煤火电基准电价。新能源市场交易电价不明确
示范项目参与电网调峰时，累计每充电1h给予1.6h的调峰奖励优先发电量计划。联合火电机组参与调频时，Kpd≥3.2的按储能容量每月给予20万kWh/MW调频奖励优先发电量计划，Kpd值每提高0.1增加5万kWh/MW调频奖励优先发电量计划	新能源发电企业按照装机容量10%，连续储能2h以上建设储能设施的，经验收并网后，次月1日起按该发电类别年度优先发电计划标准（按日折算）10%给予奖励	无政策	无政策
增量新能源可以租赁储能，结合山东资源禀赋和上网电价，增量新能源有余力租赁储能，租赁费为330元/kW/年	增量新能源租储能不盈利，存量新能源租储能可以增加10%优先发电量计划，对有补贴的电站有吸引力	无政策	无政策。未规定新能源配置储能比例，没有新能源对储能的租赁市场

2.4.3　电力现货市场下的实践

山东、浙江、山西、四川等省份电力现货市场已经正常运行，现货市场主要是通过电力价格的波动体现电力的时间价值，用电价引导发电企业多发或少发电量，因为电价波动是15min变化一次，所以现货市场主要起调峰作用。如前所述，北方省份调峰资源普遍比较缺乏，现货形成的发电侧峰谷价差较大，尤其是光伏集中大发的时候往往出现零电价甚至负电价，过渡季和冬季节点电价价差往往超过0.5元/kWh。南方省份目前除了湖南省调峰资源不是特别缺乏，因此形成的发电侧节点电价峰谷差较小，四川省、广东省都只有0.2元/kWh左右。目前我国储能电站进入现货运行的有山东省、山西省、广东省等，接下来以山东省为例进行说明。

1. 电力现货市场下的独立储能

山东电力现货市场启动后，调峰辅助服务市场停止运行，优先发电量计划取消，目录电价和上网标杆电价取消，原储能支持政策基础发生重大变化，仅剩下租赁费政策可继续执行。但是现货市场为储能等灵活调节电源开辟了新的盈利模式，具体如下：

赚取发电侧峰谷价差。现货市场下发电企业上网电价不再是固定的标杆电价，而是一个浮动的价格，叫作节点电价。山东省节点电价最低为-0.08 元/kWh，最高为 1.3 元/kWh。共享储能电站可以作为独立主体参与现货市场，当电价较低时吸收电网的多余电量，相当于吸收电量时按照较低的价格存储，免除容量电价。当电价较高时向外发出电量，相当于发出电量时按照当时的现货节点电价进行出清。充电时不缴纳输配电价和基金附加。

纳入容量电价补偿。山东省发展改革委发布《关于电力现货市场燃煤机组试行容量补偿电价有关事项的通知》，参与电力现货市场的用户征收容量补偿电价，为 0.0991 元/kWh。征收上来的用户容量补偿电价形成资金池，按燃煤机组可用容量进行分配。2020 年山东市场化电量约为 1800 亿 kWh，每度电收 0.0991 元容量电价，形成资金池 180 亿元。储能电站作为可随时调用的灵活性资源，和燃煤机组一样发挥了保障电力系统容量的作用，甚至相较燃煤机组可以进一步“削峰填谷”，纳入容量补偿范围。

储能租赁收益。同电力中长期市场下的盈利模式。共享独立储能可为新能源电站提供租赁服务，满足其并网要求。按照山东风光资源和风光电站成本，考虑光伏和风电运行的承受能力和山东发电机组上网标杆电价，山东储能年租赁收费标准最高为 330 元/kW/年。河南省也在进行类似研究，建议储能租赁标准为 260 元/kW/年。各省风光利用小时数不同，上网标杆电价不同，因此租赁费会有差异。

2. 电力现货市场下的配建储能

在电力现货市场下，配建储能无独立市场主体地位，只能依附于风光电站参与电力现货市场，配建储能的地位相当于新能源配建的无功补偿设备，无法获得容量补偿收益。如果新能源场站是全电量参与现货的，那么配建储能可以由业主自行支配，配合新能源，将电价低谷时的电力转移到电价高峰时再出售给电网；如果新能源场站是部分电量参与现货的，那么业主是无权调度配建储能的，储能需要接受电网的调度。

目前我国新能源参与现货的实践表明，北方省份新能源装机规模大，新能源大发的时候，现货电价一定很低，因此新能源参与现货电价很低。山东省新能源可以选择10%进现货，进入现货的光伏平均电价不足0.1元/kWh；山西省新能源50%进现货，光伏上网电价接近腰斩，为0.2元/kWh左右，光伏企业亏损面很大。因此，光伏企业很少进入现货，所以现阶段配建储能还是作为电网免费调度的工具使用，损耗电量还需要新能源场站自己承担。因此，配建储能无法获得电力现货市场发电侧峰谷价差收益，也无法获得容量补偿电价，只能靠新能源的租赁费。

3. 电力现货市场下独立储能和新能源配建储能盈利对比（见表2-4）

表2-4 电力现货市场下独立储能和新能源配建储能盈利对比

对比类别	独立储能	新能源配建
收益来源	现货市场节点电价差+新能源承担+现货市场容量电价	新能源承担
收益模式	（1）电价差 （2）租赁费330元/kW （3）容量电价×系数	租赁费330元/kW
工程静态投资	2.10元/Wh	1.9元/Wh
运行成本	储能损失度电价格为充电时刻节点电价+基金附加+输配电价+容量补偿电价	储能损失度电价格为新能源上网电价

4. 现货储能主要省份与山东的政策区别

各省电力市场的发展情况不尽相同，通过对各省新型储能相关发展政策的梳理和对各省新型储能商业模式的详细介绍，能更全面地分析与总结各省新型储能发展的特点，找出我国新型储能参与市场亟待解决的问题。现货市场下代表性省份与山东省储能政策对比见表2-5。

除了已经发布政策的浙江省，山西省对储能参与现货的研究也非常深入。山西省设想的独立储能运行策略是储能电站同时参与现货峰谷价差盈利和调频，参与现货峰谷价差盈利时预留一定比例的功率，充电时不充满，放电时不全放，预留一定比例的电量。

表 2-5　现货市场下代表性省份与山东省储能政策对比

山　东	浙　江
风电光伏项目按比例要求配建或租赁储能示范项目的，优先并网、优先消纳。增量新能源配储能	鼓励集中式储能电站为新能源提供容量出租或购买服务。未规定新能源配建储能可以优先并网优先消纳，未规定新能源配建储能比例
示范项目获取电力现货市场容量电费	年利用小时数不低于 600h，给予容量补偿，补贴期暂定 3 年（200 元、180 元、170 元）
示范项目充放电量按照电力现货市场发用两侧分别执行现货价格	调峰项目充放电损耗暂时纳入全省电网线损统计范畴。支持新型储能参与中长期交易、现货和辅助服务等各类电力市场

5. 北方省份现货节点电价现状

重大节日期间典型现货电价如图 2-1 所示，供暖季期间典型现货电价如图 2-2 所示，非供暖季期间典型现货电价如图 2-3 所示，夏季高峰期间典型现货电价如图 2-4 所示。

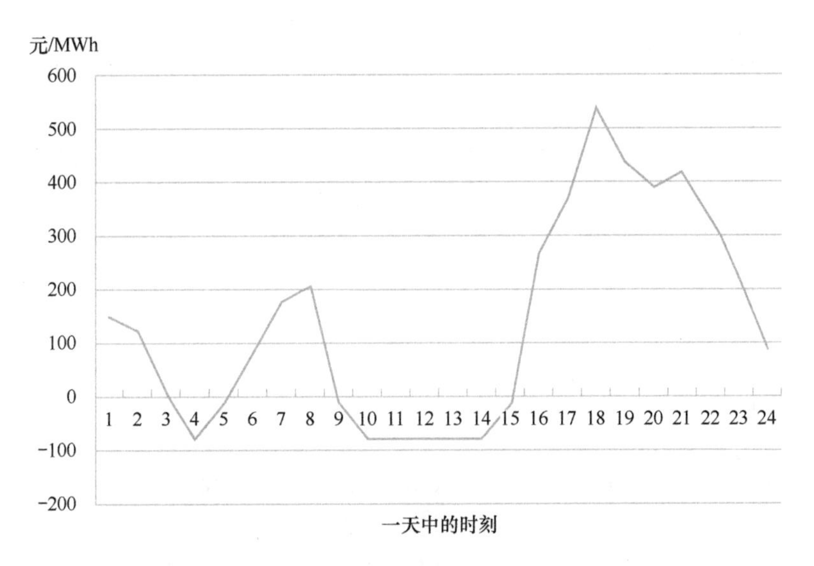

图 2-1　重大节日期间典型现货电价（2022 年元旦）

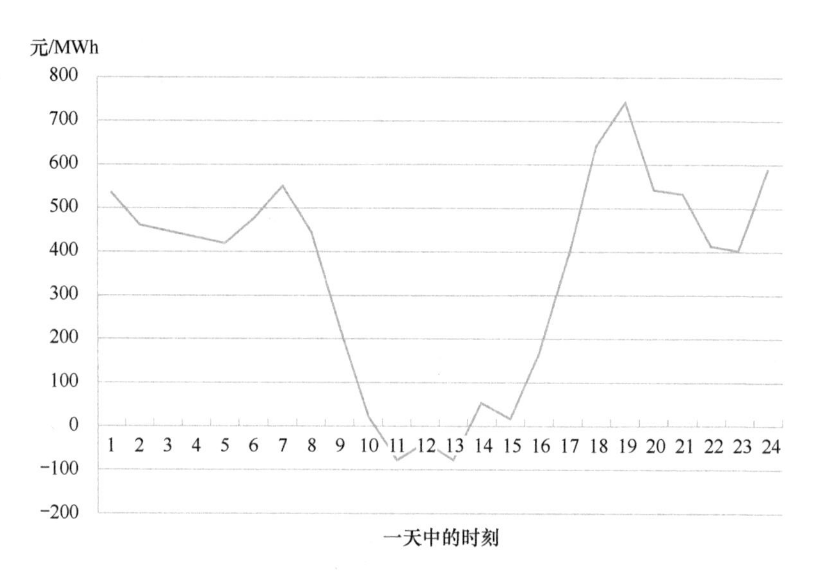

图 2-2　供暖季期间典型现货电价（2022 年 3 月 8 日）

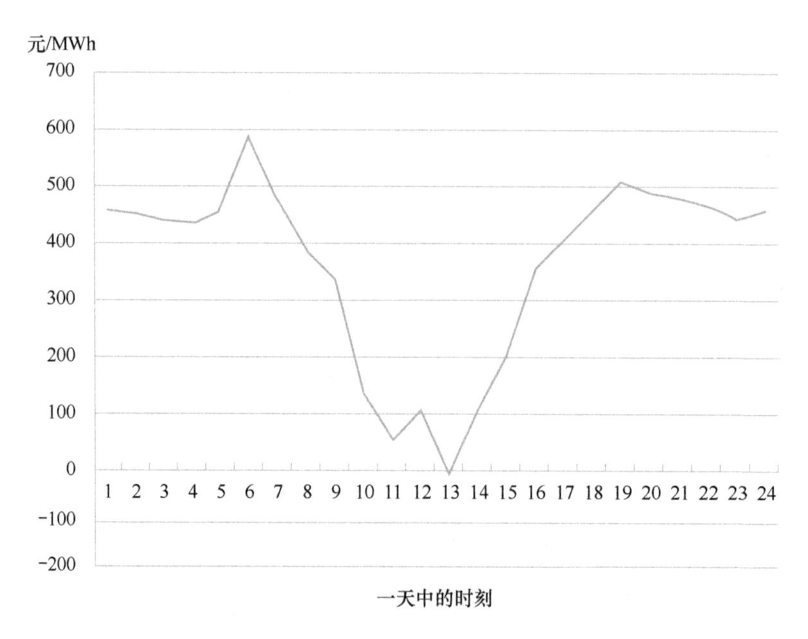

图 2-3　非供暖季期间典型现货电价（2022 年 5 月 23 日）

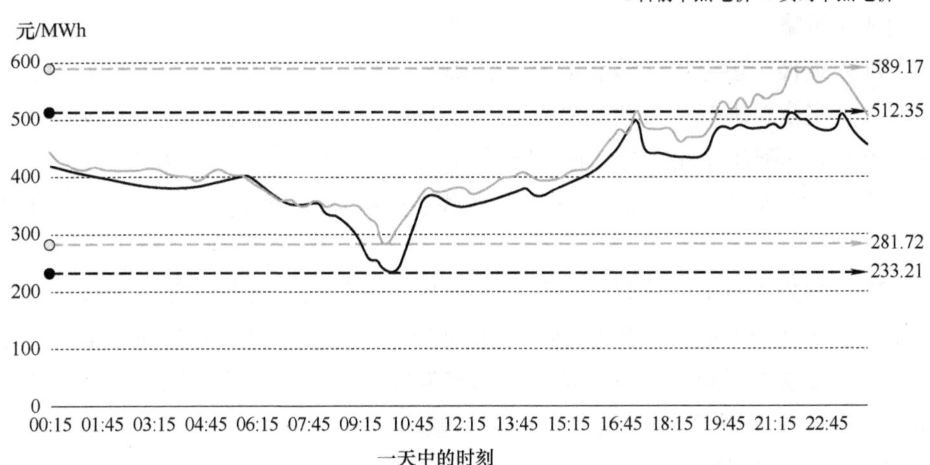

图 2-4　夏季高峰期间典型现货电价（2022 年 6 月 18 日）

2.5　我国新型储能参与电力市场的堵点

目前我国储能参与市场主要存在如下问题：

一是储能参与市场机制异常复杂。储能不生产电力，反而消耗电力，其作用是搬运电力，涉及的市场机制异常复杂，包括电力现货、电力辅助服务、电力中长期市场等诸多专业领域，超出了大部分省级能源主管机构的认知范围，导致储能政策出台困难，对储能的支持力度有限。政府需要专业智库的支持才能解决储能背后的电力市场化改革、电力系统调节能力提升、电价形成机制等复杂的技术和经济问题。

二是市场化收入不足以支撑储能的运行。目前锂电池储能价格较高，其他储能类型不具备大规模商业化应用条件，储能参与辅助服务不能满足储能盈利要求，现货市场同样存在这样的问题，只能通过新能源租赁方式让新能源承担一部分费用。未来钠电池、液流电池成本进一步下降，储能才能够依靠电力市场本身实现盈利。

三是标准建设滞后影响储能进入市场。电化学储能电站发展异常迅速，导致标准滞后的问题迟迟不能解决。什么样的储能能够独立参与市场，配建储能需要满足什么标准，并没有详细的规定，导致操作层面具有一定的困难。

针对以上问题，从新型储能参与电力市场的准入条件、定价方式、出清结算机制、输配电价机制、收益评估方法等方面进行研究，提出新型储能参与市场的相关策略。

准入条件：参考独立储能的定义，确定各种储能参与市场的装机规模、充放时长、安全要求等具体化的准入条件。目前山东省要求对同一安装地点不低于3万kW的配建储能，具备独立接受电网调度的条件，可以成为独立电力现货市场主体的电站才能作为独立储能。有些省份要求5万kW，目前各省标准不统一。

定价方式：对于中长期市场和电力现货市场分别分析各种储能充放电方式和价格，研究中国电力市场与国外电力市场的区别，吸收国外先进经验，解决我国储能发展中遇到的问题。我国《国家发展改革委办公厅　国家能源局综合司关于进一步推动新型储能参与电力市场和调度运用的通知》（发改办运行〔2022〕475号）规定："加快推动独立储能参与中长期市场和现货市场。鉴于现阶段储能容量相对较小，鼓励独立储能签订顶峰时段和低谷时段市场合约，发挥移峰填谷和顶峰发电作用。独立储能电站向电网送电的，其相应充电电量不承担输配电价和政府性基金及附加。"电力中长期市场下，储能充电可按大工业直购电价格，放电可按上网标杆电价；电力现货市场下，储能充放电均按照电网节点电价执行。两个市场下充电均不缴纳输配电价和基金附加。

新能源租赁方式：解决业主的担心，明确租赁储能等同于配建，利用电力交易中心平台构建储能租赁机制，分析竞价交易、撮合交易等各种交易方式的可行性。

出清结算机制：研究储能参与日前市场、实时市场的优势与劣势，提出储能在辅助服务和现货市场中的出清机制建议。目前山东省是储能参与电力现货市场日前报量不报价，接受电力现货价格。

2.6 相关市场机制优化的政策建议

《中共中央　国务院关于完整准确全面贯彻新发展理念做好碳达峰碳中和工作的意见》明确提出要加快推进抽水蓄能和新型储能规模化应用，以构建以新能源为主体的新型电力系统。《国家发展改革委国家能源局关于加快推动新型储能发展的指导意见》提出到2025年，新型储能实现从商业化初期到规模化发展转变，装机规模达到30GW以上；到2030年，新型储能实现全面市场化发展，基本满足新型电力系统需求。《"十四五"新型储能发展实施方案》提出电化学储能系统成本降低 30%以上和推动长时间电储能、氢储能、热（冷）储能等新型储能项目建设。此后，《新型储能项目管理规范（暂行）》《电力并网运行管理规定》《电力辅助服务管理办法》《电化学储能电站并网调度协议示范文本（试行）》等政策又分别从项目准入、备案、建设、并网、调度等各环节对新型储能接入电力系统提出了具体要求。而 2022 年 5 月印发的《关于进一步推动新型储能参与电力市场和调度运用的通知》进一步聚焦运行环节，提出独立主体、发储联合体两种新型储能参与电力市场方式，并明确了新型储能充放电所涉及的输配电价和政府性基金及附加，新型储能政策体系初步形成。

从地方层面来看，应因地制宜地构建适应新型储能参与电力市场的体制机制，引导新型储能通过市场化机制获得合理投资回报，并对其参与各类市场进行市场力监管。

一是完善市场交易规则。目前电力现货市场正在向全国推广，各省根据电网特点和资源禀赋自主建设规则，尚未形成全国统一标准。建议推动新型储能作为独立市场主体参与电力现货市场的政策落实落地，兼顾效率和公平，做好中长期、辅助服务、现货市场的规则设计，细化准入标准和注册、交易、结算等具体环节，为企业进入市场扫清障碍。例如，应打破用户侧储能市场准入壁垒、赋予分布式资源聚合商独立市场地位、完善相关技术规范与标准体系、优化批发市场激励机制、引导用户侧储能分层分类参与电力市场，目前，一些省份已允许负荷聚合商/虚拟电厂作为独立的主体参与电力市场化的交易。

二是完善成本疏导机制。各省资源禀赋不同，形成的电价也不同，成本疏导的方式也不尽相同。建议结合不同类型储能成本和系统支撑作用，研究差异化支持政策和价格形成机制，探索创新开展不同应用场景储能的商业模式，尽快形成合理的价格机制，激发新型储能发展内生动力。

三是强化政策支撑力度。鉴于目前储能暂时还不能完全从市场中获利，建议加大对新型储能企业的财政、金融、税收等政策支持力度，鼓励金融机构创新金融产品和服务模式，纾解新型储能中小企业融资难、融资成本高的困境；增强服务意识，及时打通影响产业发展的政策壁垒，进一步优化营商环境。如，新型储能充电、放电过程中会造成一定的电量损耗，部分地方政府将新型储能电站视为高耗能企业（损耗高于 2000 万 kWh/年）来计算能耗指标，这与新型储能设施发挥的实际作用不相符，应从国家层面出台规定，合理认定新型储能电站自身用电能耗。

第3章 国外新型储能参与电力市场相关经验研究

3

The Federal Energy Regulatory Commission (Commission) is amending its regulations under the Federal Power Act (FPA) to remove barriers to the participation of electric storage resources in the capacity, energy, and ancillary service markets operated by Regional Transmission Organizations (RTO) and Independent System Operators (ISO) (RTO/ISO markets). Specifically, we require each RTO and ISO to revise its tariff to establish a participation model consisting of market rules that, recognizing the physical and operational characteristics of electric storage resources, facilitates their participation in the RTO/ISO markets.

——Electric Storage Participation in Markets Operated by Regional Transmission Organizations and Independent System Operators. 18 CFR Part 35, Order No. 841, Federal Energy Regulatory Commission, USA (2018).

3.1 美国新型储能参与电力市场情况

3.1.1 市场发展情况

美国新型储能主要分为表前（源、网）和表后（荷）场景，其中表前主要应用于电力辅助服务，表后主要包括户用储能和工商业储能等。

美国是仅次于中国的新型储能市场。截至 2023 年底，美国电池储能总容量已达到 17.3GW。与欧洲户用储能为主不同，美国走的是表前（大型）储能的道路。美国大型储能项目包括新能源电站配储和独立储能两种形式，其装机主要由市场驱动。从收益模式来看，美国大型储能项目可通过参与峰谷套利、容量市场和辅助服务市场等方式获得回报。美国各州能源禀赋、电价、辅助服务交易方式和价格等各有不同，在大型储能装机进度领先的加州和得州电力市场中，大型储能项目已有较好的商业回报。根据 Lazard 测算，基于 2022 年的回报和政策补贴情况，加州 100MW/400MWh 的独立储能项目可获得的年收入约为 3856 万美元；考虑 30%ITC（投资税收抵免）后，项目 IRR（内部收益率）可达 34%。从储能装机的构成来看，尽管目前抽水蓄能仍然占据了美国储能时长的主要份额，但是随着技术的快速发展，电化学储能成本降低，可靠性提高，从新增装机容量来看，电化学储能正逐渐成为发展主力。根据 EIA 统计，电化学储能占据了目前美国储能新增市场的 90%以上，其中以锂离子电池储能为主，占据电化学储能的 90%以上，电化学储能主要包括镍基电池、锂电池、铅酸电池、钠硫电池、液流电池等。其中，镍基电池和铅酸电池较早应用于储能，但受限于其本身性能，正逐渐被替代。根据 EIA 统计，锂电池因其出色的循环次数、能量密度、响应时间以及相对较低的成本占据了 90%以上的市场。钠硫电池能量和功率密度高，能量转换效率高，是一项基于丰富材料的成熟技术，但其需要在高温熔融环境下运行，成本高昂。

2022 年储能用于新能源消纳需求大幅提升，加州区域尤为明显。2020 年以来，市场规则细化与储能装机量达到一定规模为储能提供更广阔的应用场景，新能源消纳、电压或无功支撑、系统调峰、备用电源等需求逐步放量。对比 2022 年新增与 2020 年存量表前储能的应用场景，频率调节、套利、爬坡/旋转备用仍为前三大应用场景，部分储能机组通过调节输出功率，可提供的功率与容量总和甚至超越名义装机规模。值得注意的是，随着新能源渗透率的提升，储能减少弃电、增加新能源发电量的作用越发凸显，加州、得州等新能源渗透率快速提升区域尤为明显。美国电池储能累计装机及区域分布如图 3-1 所示。

目前美国用户侧储能的渗透率较低，由于独立住宅数量大，市场远未饱和，且用户侧储能自发自用，经济性强，用电可靠性增加，未来市场巨大。特别是近年来特殊天气频发，加州、得州出现的极端停电事件助推了“户用光伏+储能”的配置需求。据劳伦斯伯克利国家实验室（LNBL）的年度太阳能报告指出，2021 年底安装的约 250 万套系统的项目以及 2022 年上半年的初步数据显示，美国的户用太阳能系统规模继续增长，同时，附加储能的比例增加，约42%的系统安装了至少10kW电池。美国电池储能装机预测如图3-2所示。

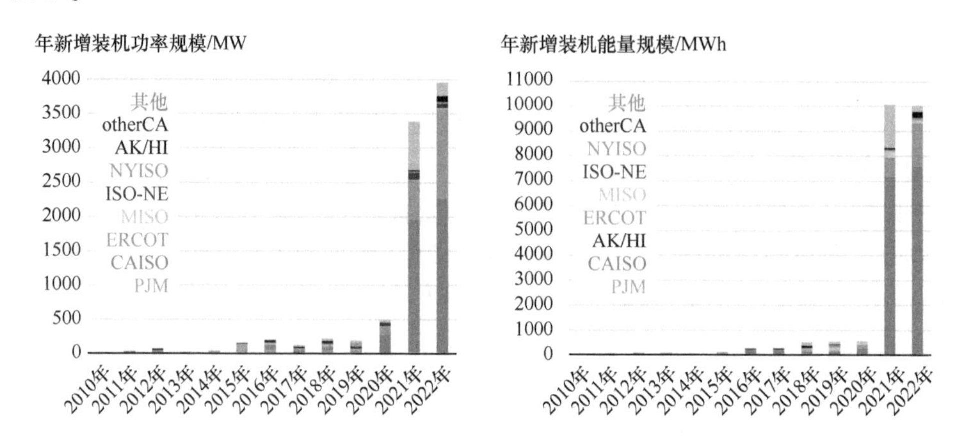

图3-1　美国电池储能累计装机及区域分布（来源：EIA）（见彩图）

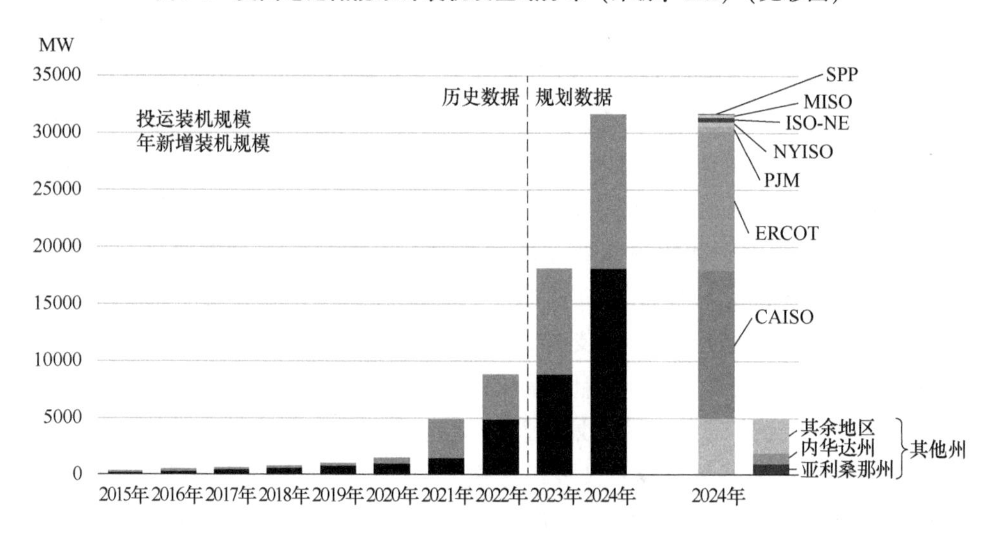

图3-2　美国电池储能装机预测

长期来看，根据美国国家可再生能源实验室（NREL）预测，2050年美国储能总装机将超过200GW，虽然目前抽水蓄能占据了九成左右的市场，但是未来电化学储能是主要的增长动力，其中当前新增装机以2h和4h储能系统为主，未来逐渐向长时储能发展，以4h和6h储能系统为主。

3.1.2　政策改革历程

随着储能主体的增多，美国开始尝试赋予储能市场主体的地位，通过市场竞争的方式配置储能资源。2018 年 2 月，美国联邦能源监管委员会（FERC）颁布 841 号法案，要求各 ISO（独立系统运营方）在现有的市场框架之内修正规则，为储能参与市场提供便利。本节将按照联邦和区域两个角度分析美国储能制度改革历程。其中联邦制度主要包括 FERC 的 792 号法案、745 号法案和 841 号法案，研究将总结政策中对储能相关概念的定义，对准入资格、容量要求、各方关系协调和合约等具体措施的描述。区域政策包括加州储能强制采购目标，储能参与 PJM（宾夕法尼亚-新泽西-马里兰区域电力市场，相关运营商是区域性独立系统运营商，负责美国 13 个州以及华盛顿哥伦比亚特区电力系统的运行与管理，负责集中调度美国最大、最复杂的电力控制区，其规模在世界上处于第三位）、ERCOT（得州网）等辅助服务市场规则，研究将开展区域间市场规则的横向对比。

美国联邦政府长期支持储能行业的发展。联邦政府于 2006 年提出 ITC 政策，鼓励用户安装可再生能源发电系统，可以进行一定的税收抵免。目前 ITC 政策已经推广至新能源与储能的混合项目，最高可以抵减 30%的前期投资额，推动了新能源配置储能。2008 年联邦为储能进入电能批发市场提供制度保障，2013 年提出输电网运营商可以选择从第三方直接购买辅助服务以及电储能提供辅助服务的结算机制。2018 年 FERC 发布 841 号法案，要求系统运营商消除储能参与容量、能源和辅助服务市场的障碍，使得储能可以以市场竞争的方式参与电力市场。2020 年，美国国家能源部正式推出储能大挑战路线图，这是能源部针对储能的首个综合性战略，要求到 2030 年建立并维持美国在储能利用和出口方面的全球领导地位，建立起弹性、灵活、经济、安全的能源系统。2021 年 9 月 4 日，美国能源部公布“长时储能攻关”计划，宣布争取在 10 年内将储能时长超过 10h 的系统成本降低 90%以上，美国能源部预算中将为储能大挑战计划资助 116 亿美元用于解决技术障碍。联邦政府储能相关政策概况见表 3-1。

表 3-1　联邦政府储能相关政策概况

年　份	法　案	内　容
2006	联邦投资税收抵免（ITC）	给予私营单位、住宅侧用户安装光伏系统同时配备储能，30%税收抵免。延期退出，到 2022 年税收抵免 26%，2023 年退坡至 22%

（续）

年份	法案	内容
2007	890 号法案	赋予储能电站市场主体地位，允许其参与 AGC 调频服务/ISO 统一租赁调度运营
2008	719 号法令	为储能进入电能批发市场提供制度保障
2011	745 号法令	电力公司和零售商支付大客户利用储能来替代电网调节的费用
2011	755 号法案	按调频服务效果支付费用，制定储能提供调频服务的合理回报机制
2013	784 号法令	提出输电网运营商可以选择从第三方直接购买辅助服务以及电储能提供辅助服务的结算机制
2013	792 号法案	解决储能并网的程序问题，首次将储能定义为小型的发电设备
2018	841 号法案	对储能的定义（充放）、大小范围（0.1MW）、充放电价（节点电价）、容量价格确定原则（折价）、调度原则（主体）等关键问题作出了规定
2019	BESTAct 法案	拨款 10.8 亿美元用于储能等项目
2020	2222 号法案	RTO（区域传输组织）和 ISO 为分布式能源提供财务机制
2020	储能大挑战路线图	到 2030 年建立并维持美国在储能利用和出口方面的全球领导地位，建立弹性、灵活、经济、安全的能源系统
2021	2 万亿美元基础建设计划	2035 年实现 100%无碳电力，清洁能源发电和储能投资税收抵免及生产税收抵免期限延长 10 年
2021	“长时储能攻关”计划	在未来 10 年内，将数百吉瓦的清洁能源引入电网，将储能时间超过 10h 的系统成本降低 90%

各州也陆续设立了相应的储能目标，推动储能项目切实落地。加州早在 2013 年就要求公共事业电力企业到 2020 年采购 1325MW 储能，并于 2024 年前运营。马萨诸塞州要求 2025 年完成储能目标 1000MWh，新泽西州到 2030 年储能预计达到 2000MWh，弗吉尼亚州到 2035 年达到 3100MW，见表 3-2。

表 3-2　美国典型州政府设定的储能发展目标

	法令	年份	内容
加州	CPUC 第 2514 号	2013	要求公共事业电力企业到 2020 年采购 1325MW 储能，并于 2024 年前运营
俄勒冈州	2193 号法案	2015	允许该州最大的两家公用事业公司到 2020 年各拥有 5MW 储能

（续）

	法　　令	年　份	内　　容
马萨诸塞州	4857 号法案	2018	到 2025 年储能目标为 1000MWh
新泽西州	2018 清洁能源法案	2018	到 2030 年储能目标为 2000MWh
弗吉尼亚州	1526 号法案	2020	到 2035 年储能目标为 3100MWh

3.1.3　参与电力市场概况

美国电力体系的市场化成熟，形成了由联邦层面的 FERC 和 NERC（北美可靠电力公司）以及州层面的 PUC（公用事业委员会）监管的市场体系。美国的电力系统被划分为东部网、西部网和得州网三大区域电网。在电网内划分为多个区域市场。市场主体是 RTO 或 ISO。RTO 负责组织电力市场内的电能买卖；ISO 负责管理最终市场，组织平衡发电与用电负荷的实时市场。电力的发、输、配、售由市场内独立或一体化的公司承担。发电企业负责生产和出售电能，同时提供电力辅助服务。输电公司拥有输电资产，在 ISO 的调度下运行输电设备，配电公司负责运营配电网络。在用户端，大用户可以通过批发市场与发电企业直接通过竞价购电，有的大用户可以作为负荷调节资源参与辅助服务，有些大用户也可以通过售电公司零售购买电力。不愿意或者不能参加批发市场买卖的小用户可以通过售电公司零售商购买所需的电力资源。

美国储能应用场景包括表前（Front of the Meter，FTM）和表后（Behind the Meter，BTM），对应于国内应用场景的划分，表前通常指电网侧和发电侧，表后指用户侧，包括家庭和工商业。一般来说，表前储能可作为独立主体参与电力市场，表后储能只能依托于负荷侧，用于调整用电主体的用电行为，开展表后用电优化。

联邦法案是指导性、原则性的政策，由于各区域市场相对独立，依靠各 RTO/ISO 来制定各区域市场的政策。因此，各州自行把握并修正能量市场、容量市场、辅助服务市场、输电资产、引入聚合商等规则。下文选择加州、PJM 为典型案例进行分析。

（1）*加州电力市场*

在加州电力市场（CAISO）中，储能**可以提交价格投标、单日的初始荷电状态和期望达到的末尾荷电状态，**由 ISO 求解多时段耦合的经济调度模型，得到各时段的节点电价和储能的充放电计划。在这种模式下，储能的荷电状态约束由 ISO 在出清模型中统一考虑，保证了出清结果对于储能的可行性。除去单独提交充电投标价和放电投标价，CAISO 也在**考虑允许储能提交循环一次充放电的价差投标**，这为储能的市场参与提供了更多灵活性。除去这种为储能设计的特殊市场模式外，储能也可选择提交自调度计划参与市场，这种模式下储能可自行管理荷电状态，但需要作为市场价格的接受者。在 2020 年最新推动的市场改革中，CAISO 还关注到储能潜在的市场力问题。实际上，由于储能放电的成本取决于充电时的价格和在其他时段无法放电的机会成本，ISO 很难像其他机组一样掌握储能的成本区间，这为储能逃避市场监管、虚报高价提供了便利。为此，CAISO 计划开发模块评估储能的放电成本。模块将分别计算能量成本、机会成本、装置老化成本等，加总后得到总成本。若 ISO 认定储能有动用市场力的可能，将用计算出的成本替代投标价进行出清。CAISO 要求储能放电能力持续 4h 以上。能量容量为 4MWh、功率容量为 1MW 的储能能连续放电 4h，因而其容量价值为 1MW，容量系数为 100%；而能量容量为 2MWh、功率容量为 1MW 的储能只能连续放电 2h，因而其容量价值只能取 0.5MW，容量系数为 50%。

CAISO 已经在 2017—2018 年的输电扩展计划中，将储能作为输电资产的一个备选项评估，并且推动了 2 个储能项目的建设。

（2）PJM 市场

在 PJM 市场中，储能需要提交价格投标和自身所处的工作状态。与其他主体一样，价格投标以量-价对阶梯曲线的形式呈现。工作状态是储能提交的特殊物理参数，包含充电、放电、连续、不可用 4 种，其中连续状态表示储能既可充电也可放电。在 PJM 模式之下，储能将自己负责荷电状态的管理，以保证充放电计划的可行性。若市场出清结果不可行，储能可在实时运行前 65min 修改投标，以在实时市场上交易不平衡电量。

从调度上，PJM 采取统一调度规划，通过收集储能的物理参数，并通过交互调用抽水蓄能优化模块和市场出清模型，得到社会福利最大的出清结果和储能充放电计划。在这种模式下，储能无法通过投标反映自身运营成本。

PJM 在修正容量市场规则的讨论中，考虑利用有效带负荷能力（Effective Load Carrying Capability，ELCC）来衡量储能的容量价值，即在系统可靠性指标不变的情况下，增加 1MW 储能带来的尖峰负荷增量。考虑到这 1MW 的储能可以取不同的能量容量，实际上 ELCC 是能量功率比的函数。通过建立市场仿真模型，并输入负荷曲线形状和分布、电源结构、储能配置等参数，可以求解得到结果。这种方法已经被应用于风电、光伏的容量价值确定，但尚未应用于储能。储能参与典型电力市场的对比见表 3-3。

表 3-3　储能参与典型电力市场的对比

<table>
<tr><th rowspan="2">市　场</th><th colspan="3">电　能　量</th><th rowspan="2">容量确认</th><th colspan="2">是否纳入输配</th></tr>
<tr><th>投标标的</th><th>荷电状态管理</th><th>调度方式</th><th>纳入程序</th><th>是否参与市场</th></tr>
<tr><td>CAISO</td><td>充放电能量或循环价差</td><td>申报初始和期望结束状态，ISO 管理</td><td>自调度</td><td>连续放电 4h 为基准，否则做容量折价</td><td>将储能作为输电资产的一个备选项评估</td><td rowspan="2">不再提供市场服务</td></tr>
<tr><td>PJM</td><td>充放电能量</td><td>自行管理</td><td>自调度、ISO 调度</td><td>连续放电 10h 为基准，否则做容量折价</td><td>向市场参与方征询意见</td></tr>
</table>

3.2　德国新型储能参与电力市场情况

截至 2024 年 2 月底，德国电池储能装机容量为 7.8GW/12.1GWh，固定电池储能中，户用项目装机容量达到 6.3GW/10.2GWh，占比最高。德国电力市场至今仍未赋予表前储能独立的市场主体地位，导致在立项批复、充放成本、税费厘定方面存在诸多障碍，因此新型储能也主要以表后为主，2015—2020 年德国表后储能市场年复合增长率达到 56.95%，其中锂电池储能新增装机占比自 2017 年已超过 95%。2013—2018 年，德国政府已经直接为户用储能提供高达 30% 直接贷款补贴，同时由于表后储能的使用场景以搭配户用光伏为主，德国持续对户用光伏的鼓励政策也变相拉动了户用储能装机。德国电池储能装机结构如图 3-3 所示。

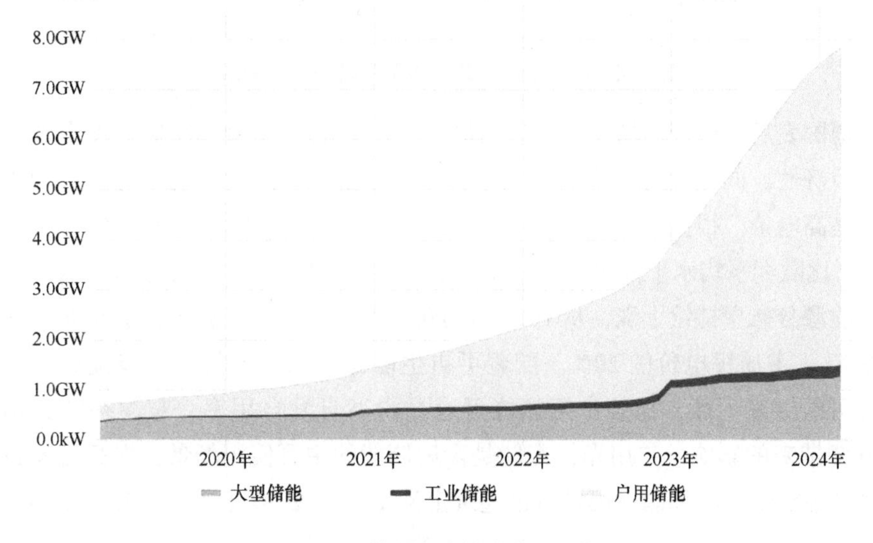

图 3-3　德国电池储能装机结构

3.2.1 市场发展情况

德国新型储能发展的主要应用领域为屋顶光伏+电池储能、社区储能模式、集中式参与调频市场和大型储能系统参与调频等，新型储能发展呈现出表后市场增长远超表前市场的态势。2021 年德国超过 70%的家用太阳能系统安装户已搭配储能，安装容量约占欧洲住宅存储系统市场总容量的 70%。德国电池储能价格下降趋势如图 3-4 所示。

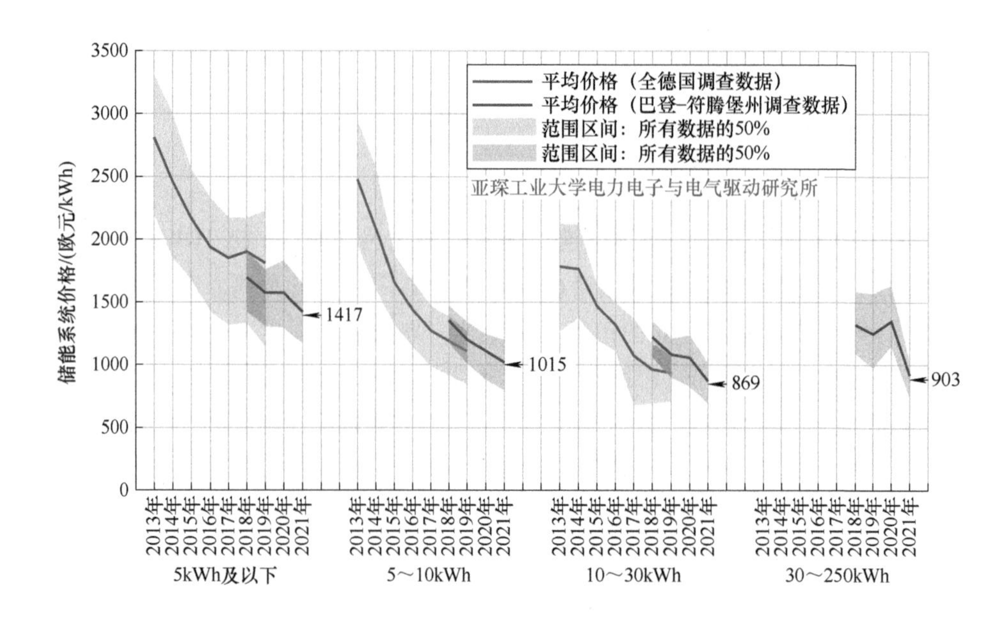

图 3-4 德国电池储能价格下降趋势（见彩图）

德国表后主要应用场景为光伏+储能自发自用，目前光伏+储能度电成本已具备经济性，同时可对冲德国居民电价的连年上涨。户用储能快速发展的重要原因是高电价。根据欧洲统计局的统计数据，德国居民电价在过去 20 年上涨了 78%，比欧洲平均水平高出 50%。电价持续上涨的最主要原因是销售电价中可再生能源分摊费持续上涨，从 1998 年的 0.08 欧分/kWh 上涨到 2020 年的 6.5 欧分/kWh，占居民电价的 20%。随着可再生能源发电占比的进一步提高，电价极有可能继续上涨，加装户用储能可通过提高自发自用率，对冲补贴到期及高电费带来的影响。户用光伏配储是表后储能的主要使用场景，提高自发自用率具备经济性：①德国居民电价已连续上涨 12 年，2020 年达到 0.32 欧元/kWh，由于可再生能源附加费和输配电费连年上涨，近 10 年电费复合增长率为 2.78%，居民用电成本过高，且无峰谷差别；②目前户用光伏 FIT 约为 0.08 欧元/kWh，收益对冲电费效果有限，通过增配储能提升晚间用电场景自用率，可降低总体电费水平；③根据测算，目前户用光储 LCOS 为 0.28 欧元/kWh，略低于居民电费 0.32 欧元/kWh，具备启动经济性。德国户用储能装机容量如图 3-5 所示。

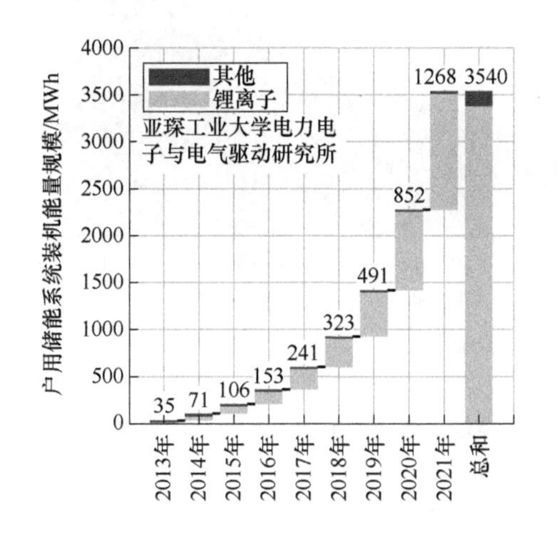

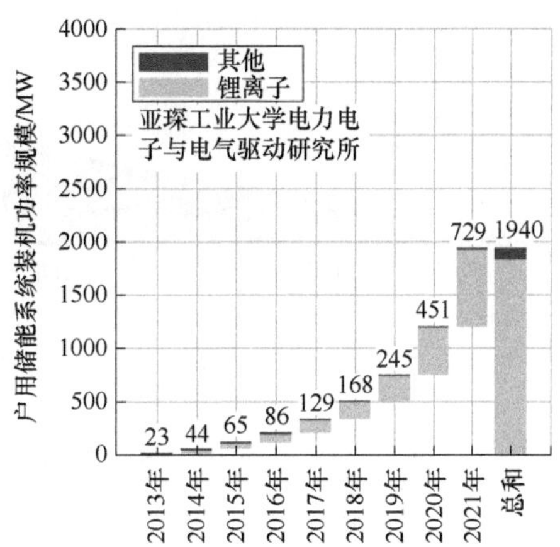

图 3-5　德国户用储能装机容量

表前市场并不是德国新型储能发展的主要市场，尽管具有间歇性和不确定性的可再生能源发电比例一直在上升（从 2000 年的 6.3%上升到 2021 年的 41.6%），但由于常规能源的兜底和跨国电网的支撑，电网对储能参与灵活性调节的需求不大。同时，德国的弃风弃光率较低且有政府提供的经济补偿，对风光配储的需求也不高。德国表前储能盈利场景主要为参与调频市场和峰谷套利，但由于欧洲调频市场近年趋近饱和，价格下跌，电力批发市场峰谷套利价差短时间无法覆盖投资成本，不具备经济性：

1）目前电力批发市场峰谷价差空间仅有 10 欧元/kWh/年，距实现盈亏平衡仍有 15 欧元/kWh/年的差距，短期内不具备经济性。

2）2019 年德国调频市场容量约为 600MW，而表前储能装机累计 620MWh，且其中大部分参与调频，市场已高度饱和；调频价格已从 2015 年的 3500 欧元/MW 下跌至 2020 年的 1000 欧元/MW，经济性明显下跌。

德国储能技术类型如图 3-6 所示。

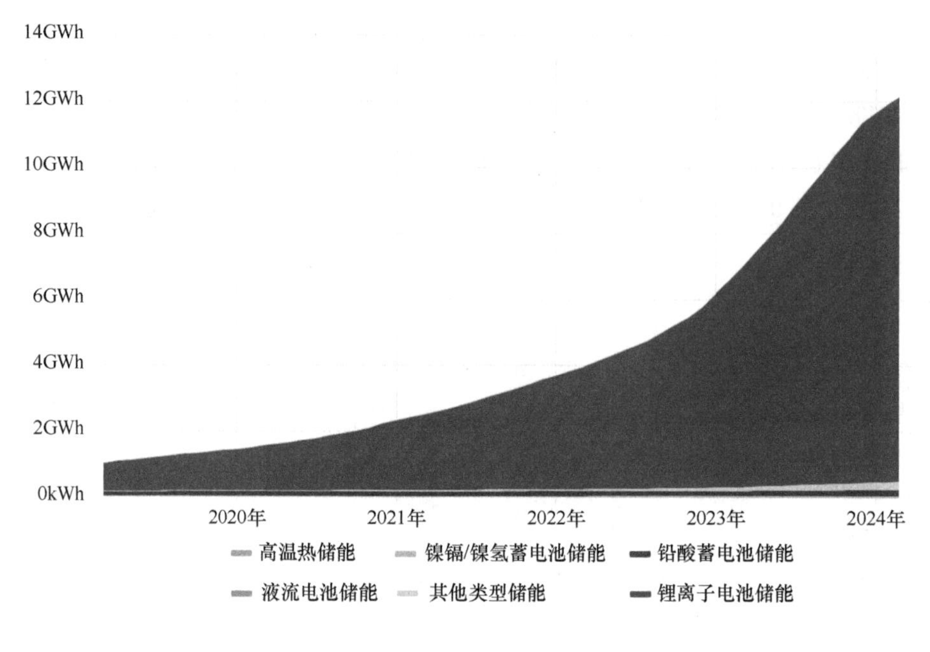

图 3-6　德国储能技术类型（见彩图）

3.2.2　政策改革历程

德国地理位置处于欧洲中部，其电源分布合理且充盈，也可获欧盟大电网的充分备用支持。但由于新能源持续高速发展，新能源补贴已成为德国政府巨大的负担，终端电价持高不下，也为电力系统平衡带来了挑战。

在德国，传统的调频调峰被重新归类成了 FCR（频率抑制备用）、FRR（频率恢复备用）、RR（替代备用），其中 FRR 还分为手动 aFRR 和自动 mFRR。FCR 通常的作用区域在 1min 左右，aFRR 在 5min，mFRR 在 15min 左右。频率响应，容量需求不大但是要快，100kW 甚至 50kW 的设备控制就成为常态。如果它们碰巧不在一个区域，那么跨区域的虚拟电厂连接和运营就成为必须。这种颗粒度的下沉和空间维度的跨越，是迄今为止德国这样新能源比例已经很高的市场模型遇到的最核心的挑战。

解决调频备用容量问题的一种方式是在更大的区域，比如欧洲范围内进行区域平衡市场设计。近年来，欧洲地区和国家电力市场逐渐融合，整合更加紧密。国家电力市场受益于跨境电力交易的可能性，可以更好地平衡消费和发电的差异，此外，欧洲的需求高峰并不总是同时出现。由于内部市场的这种超区域平衡，可以保留较少的容量。计划外停电的概率也不断降低，因为在更大的市场中供需可以更好地匹配，个别线路的故障可以更容易地得到补偿。这意味着供应安全将得到加强，欧洲的发电成本将下降。但是区域市场对协作的要求极高，对市场套利的预防和容忍度也极高，因此配置储能便是备选方案。

德国表后储能市场政策持续向好：

1）2013—2018 年，德国政府通过德国复兴银行为配置户用储能的家庭提供低息贷款，并提供最高 30%的直接安装补贴。

2）德国各州政府出台多种优惠政策，如允许购置户用储能设备成本用于抵免个人所得税或直接获得补贴等，降低居民购置负担。

3）户用光伏配储是德国户用储能的唯一应用场景（德国居民电价无峰谷差别，无单独配储套利场景），持续超过 20 年的户用光伏鼓励政策也变相拉动了储能装机，为其提供发展空间。

此外，德国电网 98%是配电网，其配电网是能源转型的重要基石。德国配电网由 900 多家公司运营，电网规模不同，供需条件各异，配电网运营和发展的复杂性很高。由于德国 90%以上的可再生能源发电接入配电网，现在已经不得不开始在配电网侧提供更多的灵活性和可控性资源来消纳新能源。未来的配电网，即所谓的智能配电网拥有复杂的分布式供电系统，必须应对复杂的双向潮流，需要安装智能电表等测量装置，且在低压侧支持储能设备和电动汽车并网，这需要配电网对低压端口进行调控和双向通信，不论中压还是低压都将配有复杂的线路保护。这些巨大的变化发生之快，让很多配电网运营商猝不及防。至今，还只有少数配电网运营商拥有效率极高的监控系统，不论配电网还是输电网运营商，未来必须要快速且经常性地应对动态的发电曲线、潮流逆向，以及配网侧频繁无功补偿装置投切和电压调节等新的挑战。所以，那些小于 100kW 但是已经具备被配电网公司完全自由调度的新能源和储能设备，大大小小的配电网公司即市县一级的供电公司也将走出输电网公司的保护区，独立自强地应对更多市场和技术端带来的改变。除去发电厂侧的 AGC 电厂自动化和输电网的 EMS 能量自动化控制，整个未来电网的能力扩建几乎全部积聚在配电和用户端，如地理信息系统（GIS）、智能表计（AMI）、需求侧响应（DSM）、资产管理（Asset）、电力交易系统（Trading）、能效管理分析（EA）、车网互动（V2G）以及固定式的储能，在可预期的未来有很多创新点。

在表前储能方面，关于灵活性使用的监管框架非常复杂多样。相关规定不完全统一，且分散于诸多现有法律法规当中。例如，《德国能源经济法》《可再生能源法》《热电联产法》以及《电网费用条例》。2017 年德国市场监管者简化了储能参与二次调频和分钟级备用市场的申报程序，鼓励储能等新市场主体参与以上市场。2018年，德国联邦电网管理局对二次调频和三次调频的竞价时间和最低投标规模进行了调整，这些调整降低了市场的准入门槛，使装机功率较小的运营商有机会进入辅助服务市场，允许可用的储能容量参与更多目标市场，能够更有效地激发储能容量获得叠加收益。然而，德国表前储能至今未能通过立法明确其独立市场地位，同时适用发电方和用电方监管规则，双重身份导致储能项目在立项批复、充放成本、税费厘定方面存在一些障碍。

因此，必须进一步完善电网收费制度，以激励电力灵活运用，为电网服务。电网收费的主要任务是在电网用户之间分摊网络费用，做到既公平，又考虑到每个用户的贡献。当前，电网成本当中的刚性价格部分并未考虑电网现状（白天的阻塞问题）以及与电网相关的灵活性使用。调整电网收费并在电网收费系统中引入动态变化元素（费用随时间变化/随负荷变化）有助于提升灵活性（包括采用储能），从而优化电网运行现状。

3.3 英国新型储能参与电力市场情况

英国储能的发展离不开政策的激励与机制的支持。英国政府批准部署更多电池储能项目以平衡电网的发展，构建相对智能、灵活的电力系统；通过投入公共资金支持储能技术创新、降低成本并促进技术商业化；大幅推进储能相关政策及电力市场规则的修订工作。英国储能项目主要通过容量市场机制和辅助服务市场机制获得收益，也可通过在平衡市场提供上下调节电量以及价格尖峰时段发电获得收益。

3.3.1 市场发展情况

根据英国官方公布的数据，目前英国约有4GW储能电站，包括3GW的抽水蓄能和1.6GW的锂电池储能。在建和规划中的储能规模达到12GW，其中约10GW是电池储能，2GW是抽水蓄能。2021年，英国公用事业规模储能项目强劲增长，年度部署量同比增长70%。

英国电力市场新型储能主要通过容量市场机制和辅助服务市场机制获得收益，比如增强快速调频，也可通过在平衡市场提供上下调节电量以及价格尖峰时段发电获得收益。

在容量市场方面，英国的容量市场拍卖计划被暂停一年后于2020年重新启动，并且英国商业、能源和工业战略部（BEIS）鼓励在预审竞标中将储能项目作为需求侧响应（DSR）资产，而需求侧响应运营商有机会被授予最长可达15 年的合同，从而实现储能项目稳定的收入流。

在辅助服务市场方面，调频辅助服务是英国储能电站的主要收入来源。与美国 PJM 区域电力市场类似，英国在 2019 年停电事故后开始陆续设立快速调频响应的辅助服务品种，储能项目从中受益颇多。动态遏制（DC）服务是英国电力系统运营商 National Grid ESO 公司在 2020 年 10 月推出的一种频率响应辅助服务。National Grid ESO 公司允许储能系统提供商获得动态遏制服务收入，并从平衡机制中获得新收入。该机制是电网电力供需的实时平衡，也是许多电池储能系统的主要收入来源。动态遏制服务为参与者提供了丰厚的回报，其收入是其他频率响应服务的 2~3 倍。由于允许收入叠加，电池储能系统获得的收入规模可不断增长。随着英国可再生能源发电设施部署量的持续增长，对电网平衡服务的需求也在增加。2021 年 1 月，受低温、风电出力低迷的影响，英国平衡市场价格暴涨到 4000 英镑/MWh 的高位，进一步加速电池储能系统进入平衡机制市场。预计英国近两年还会继续加设更多针对快速调频的辅助服务品种。英国电网侧电池储能年度新增规模如图 3-7 所示，英国电网侧规划电池储能装机规模如图 3-8 所示。

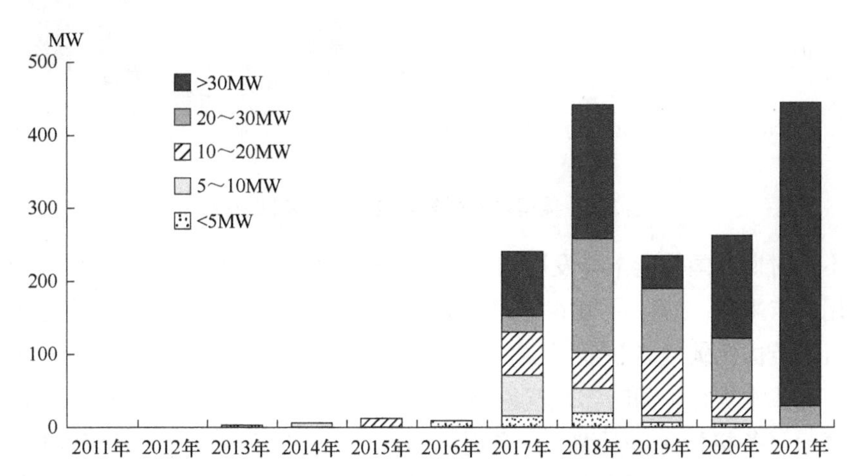

图 3-7　英国电网侧电池储能年度新增规模

从项目单体规模和技术路线看，英国早期 50MW 以上的发电项目需要申请牌照，使得大部分储能项目规模设定为 49MW，限制了对储能的投资意愿。2020 年7 月，英国取消电池储能项目容量限制，允许在英格兰和威尔士分别部署规模在

50MW 和 350MW 以上的储能项目，此举使英国电网中电池储能项目数量快速增加。近年来，BEIS 批准了多个大型储能项目规划，如英国能源公司 InterGen 在泰晤士河口的 320MW/640MWh 电池储能项目，瓦锡兰集团与英国能源开发商 Pivot Power 公司部署的总装机容量为 100MW 的电池储能系统。此外，壳牌于 2021 年 8 月宣布 100MW 储能电站全面投入运营，这是欧洲目前最大规模的储能电站，位于英国西南部威尔特郡附近，由两个装机容量均为 50MW/50MWh 的电池储能设施组成，采用磷酸铁锂/三元锂电池技术。法国可再生能源开发商 EDF 公司的子公司 Pivot Power 公司于近日表示，已获得两个装机容量均为 50MW/100MWh 的锂离子电池储能系统规划许可，这两个电池储能系统将部署在英国贝德福德郡 Sundon 和康沃尔郡 Indian Queens 地区。

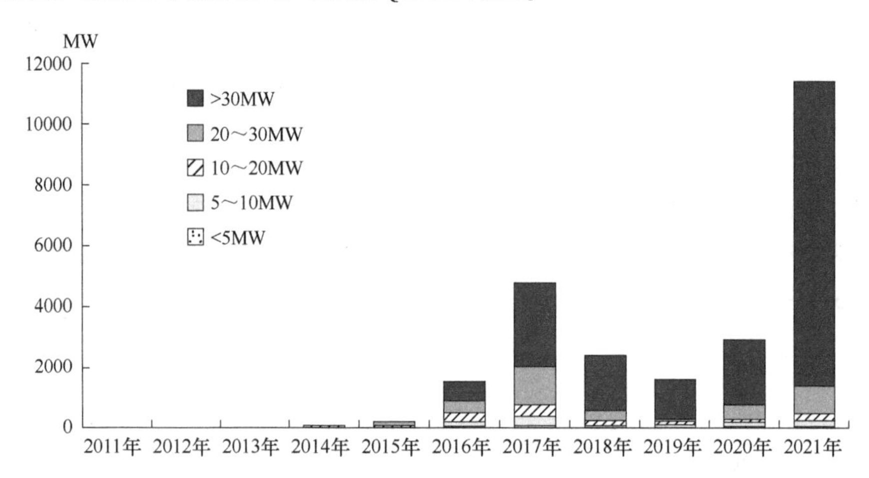

图 3-8　英国电网侧规划电池储能装机规模

不同时期英国储能市场发展的重点、参与者类型、项目规模等均存在差异。从应用重点来看，2012—2016 年间的储能项目主要是“技术验证”类配网侧储能项目，英国低碳网络基金（LCNF）对这些项目进行资助，用于推动配网实现低碳、低成本扩容，同时实现配网智能化。2015 年底，英国国家电网启动“增强型调频服务招标采购计划”，采购能够在 1s 或更短时间里对频率偏差实现 100%有功功率输出的调频服务。此项采购的中标技术全部为储能，共带来 201MW 项目装机。2017 年，越来越多的储能项目开发商将目标市场转向调频辅助服务市场。同时，可再生能源与储能共享站址类的储能项目持续增多，用于可再生能源电量时移以及能量市场套利。另外，National Grid ESO 为分布式发电资源开放平衡市场，为大量分布式储能项目带来新的收益渠道，催生了更为复杂的商业模式。2020 年，更多利好政策出台，为英国储能市场注入活力。截至 2020 年底，英国储能项目（非抽蓄）装机达到 1.2GW，规划在建装机容量已经超过 14.5GW。

从项目单体规模和技术路线来看，早期单个储能项目容量在 0.005~10MW，主要采用锂离子电池储能技术。此后，在辅助服务市场需求的拉动下，储能项目单体规模增大，但由于 50MW 及以上规模的储能项目规划审批程序复杂，因此截至目前，英国已投运的大部分项目规模在 49.9MW 及以下。

从市场参与者来看，早期配网侧储能示范项目的主导方主要是配电网络运营商（Distribution Network Operators，DNO），包括 UK Power Networks 公司和 Northern Power Grid 公司。但由于储能在英国被归属于发电资产，而配网运营商不能拥有发电许可证，这使得配网运营商不能拥有和运营规模在 10MW 以上的电池储能资产，因此，之后可再生能源开发商逐渐占据主导地位。RES、EDF 等欧洲大型可再生能源开发商均在储能市场中发挥着重要作用。其中，EDF 收购了英国拥有最多储能资产公司之一的 Pivot Power 公司，不仅为其到 2035 年新增 10GW 电池储能打下基础，还巩固了其在欧洲储能市场的领导地位。50MW 规模限制取消后，可再生能源开发商是规划和部署更大规模储能项目的主力军。此外，负荷聚合商通过聚合分布式储能资源参与辅助服务市场、平衡机制以及容量市场，也逐渐在储能市场中崭露头角。

3.3.2　政策改革历程

近年来，英国大幅推进与储能相关的电力市场规则修订工作。2016 年以来，英国政府允许包括电化学储能在内的新兴资源参与容量市场，容量市场允许参与容量竞拍的资源同时参与电能批发市场，这促使英国储能装机容量快速提升。2017 年，英国修订电力法，明确储能的许可证和规划制度，将储能的定义从单纯的发电资产丰富至电力系统的组成部分。监管机构英国燃气与电力办公室 Ofgem 于 2019 年 6 月对储能定义进行了修订，将储能系统归类为发电设施。这一举措否定了原来具有争议的储能系统双重收费政策，即将储能系统作为用电设施进行收费的同时，又作为发电设施收费。事实上，这种双重收费政策在欧洲各国普遍采用。2020 年，英国的这一双重收费制度修改，储能设施只支付发电端的费用。储能系统成为发电设施的优势是能够在业界已经熟悉的规则中运行，并且业界厂商了解储能系统如何适应这些规则。

为帮助储能更好地参与电力市场，英国政府已实施多项政策调整：如围绕储能和智能技术开展的政策与监管制度调整行动，围绕智能家庭和商业开展的政策与监管制度调整行动，为推动灵活性资源在电力系统中应用而修改市场规则的行动等。下文总结了英国在消除储能系统并网的制度障碍、电网使用费用的核算、储能的法律定义和身份等多个方面的工作，通过这些制度改革，英国储能市场得以被撬动，并开启规模化发展之路。

1. 规划审批

新型储能（除抽水蓄能外）是由英格兰和威尔士的国家重大基础设施项目（NSIP）中剥离出来的资产类别，项目无论其规模大小，都需要通过规划程序进行部署。此前英格兰区域的储能项目申请规模最高为50MW，威尔士区域上限为350MW，超过这一规模的项目须通过英国国家重大基础设施项目的规划申请流程，而这将带来大量额外的时间成本和经济成本。

2020年7月14日，英国内阁通过了二级立法，取消电池储能项目容量限制，允许在英格兰和威尔士分别部署规模在50MW以上和350MW以上的储能项目。此举被称为英国储能产业发展迈出的“重大、积极又适时”的一步。此前，大量储能项目规模设计为49.9MW，以规避这一问题，但另一方面也使得英国储能项目难以通过规模化安装达到降低单位投资成本的目的。根据BEIS的预测，取消储能项目部署容量上限能够帮助大型储能项目的规划周期缩短3~4个月，同时将激励大量投资进入储能领域，电池储能项目数量有望增加两倍。

2. 资产属性

针对储能的官方定义，2016年Ofgem发布的报告中曾提出4项提议，包括：

1）在不修改基本法的情况下，将储能继续作为发电资产对待。

2）在不修改基本法的情况下，将储能作为发电的一个子类。

3）在基本法中将储能定义为发电的一个子类，且需要对储能发放专门的发电许可证。

4）在基本法中将储能定义为一项新的设施，且具有单独的储能许可证机制。

2017年，英国在进一步征集建议之后，决定修订电力法，将储能作为发电资产类别的一个子集列入具体定义，并针对储能的许可证和规划制度进一步明确。对储能进行官方定义不仅确认储能应被视为一种发电资产，而且还将有助于将储能作为电力系统的一个组成部分进行布局和推动。

3. 过网费电价

英国电力用户和发电商使用输配电系统，会被征收“系统使用费”和“平衡服务系统使用费”。由于储能具有充电和放电的特性，实际情况中储能会被双重收费。这种做法没有考虑储能在提供平衡服务时给电网带来的效益，且将其看成带来电网堵塞的来源之一。因此，Ofgem 通过对电价征收制度审查，于 2020 年上半年对这些电价政策进行修订，批准取消针对电储能的“双重收费”，使储能设施只支付发电时的网络使用费。

4. 融合方式

英国大部分可再生能源发电站是在激励政策支持下安装运营的，如 FIT 制度或差价合同（CFD）［此前为可再生能源证书（RO）］等政策，受益于差价合同的可再生能源发电站也可以同时使用 FIT，并从中获益。差价合同是英国政府电力市场改革的一部分，是一项为低碳发电商（最新的差价合同不包括陆上风力发电和太阳能光伏发电）而制定的激励措施。可再生能源发电企业与差价合约交易公司自愿签订差价合同，通过差价合同，可以针对单位发电量商定一个履约价格，如果市场电价低于这一履约价格，则差额由英国政府通过差价合约交易公司支付和弥补。

上网电价为符合条件的小规模（<5MW）低碳发电机组提供发电上网电价，从 2019 年 4 月起，上网电价对新申请者关闭，但它已被“智能发电担保”所取代，该担保向小型低碳发电商提供发电电价，在此机制下，许多公司正在销售家用光伏加储能系统。

这些政策出台时都没有涉及储能，因此，储能系统与可再生能源共享站址可能会导致一些问题，如储能的配置是否会影响可再生能源发电继续获得上述政策支持，以及配置储能之后储能从电网充电然后以可再生能源电力形式放出并不合理地获取更多补贴的风险等。

针对这些问题，Ofgem 在 2017 年 9 月首次明确“允许可再生能源开发商和资产所有者继续享受 RO 和 FIT 政策的情况下将储能安装到可再生能源场站侧”。2017 年 12 月，英国国家电网进一步发布指导报告，列举案例进行说明储能应该安装的位置以及不能安装的位置，指导储能以正确、合法的方式接入可再生能源场站侧，并确保只有可再生能源才能得到其补贴计划的奖励。该报告发布后，可再生能源与储能共享站址项目的开发障碍显著减少。

5. 容量市场规则

容量市场是英国政府电力市场改革的一部分，旨在维护供电安全，并为电力容量供应商（发电厂以及储能系统）提供月度收益，以便在需要时（通常是在系统面临压力时）提供电力。

英国的容量市场以拍卖形式进行，标的物为容量交付年电力系统所需的发电容量。对于任何一个容量交付年，拍卖提前4年、3年或1年举行，包括T-4、T-3和T-1容量拍卖。T-1容量拍卖的合同有效期是1年。T-4容量拍卖的合同期为15年。由于合同期较长，收益稳定，因此T-4也是备受电池储能运营商追捧的市场。2017年初，部分电力市场参与者提出参与容量市场的电池储能由于可用时间短，会对电力系统的供应安全构成风险。之后BEIS针对这一风险进行评估，并在评估报告中提出修改储能的容量降级因数，以此反映不同时长储能系统的容量可用性。2017年12月，BEIS和英国国家电网发布报告，针对T-4容量拍卖，将时长0.5h的电池储能的降级因数从先前设定的96%降低至17.89%；针对T-1容量拍卖，将0.5h的电池储能降级因数降低至21.34%。调整之后的不同时长储能的降级因数。该规则的调整使得储能的收益受到较大影响，也降低了其在容量市场中的竞争力。

3.4 澳大利亚参与电力市场情况

在可再生能源普及率上升和电力市场波动性加剧的影响下，澳大利亚储能行业迎来了蓬勃发展，尤其是南澳大利亚州霍恩斯代尔（Hornsdale）电池储能项目成功投运并在澳大利亚电力市场中获得可观收益后，大批配套新能源建设的储能项目进入规划和在建阶段。在澳大利亚，大多数已投运的储能项目基本都得到了联邦政府和州级政府的补贴支持，参与电力市场交易的规模化储能的最大收益来源是辅助服务市场，户用储能的主要收益来源是配合屋顶光伏自发自用带来的电费节约收益。

3.4.1 市场发展情况

澳大利亚储能市场起步于2016年，在可再生能源资源丰富、用户侧高电价、分布式光伏上网电价降低、可再生能源比例持续提升、多次大停电事故、森林大火等重大因素的推动之下，储能市场呈现快速发展态势。澳大利亚拥有可观的储能储备项目，已经部署的储能项目总装机容量超过40GW，位居全球电池储能市场前列，尤其是南澳大利亚州霍恩斯代尔电池储能项目成功投运并在澳大利亚电力市场中获得可观收益以来，大批配套新能源建设的储能项目进入规划。2022年澳大利亚实现储能装机1.07GWh，户储占比近一半，呈现出户用电池储能和大规模储能并驾齐驱的发展趋势。澳大利亚规划、在建及投运储能和户用储能新增套数与装机量如图 3-9 所示。

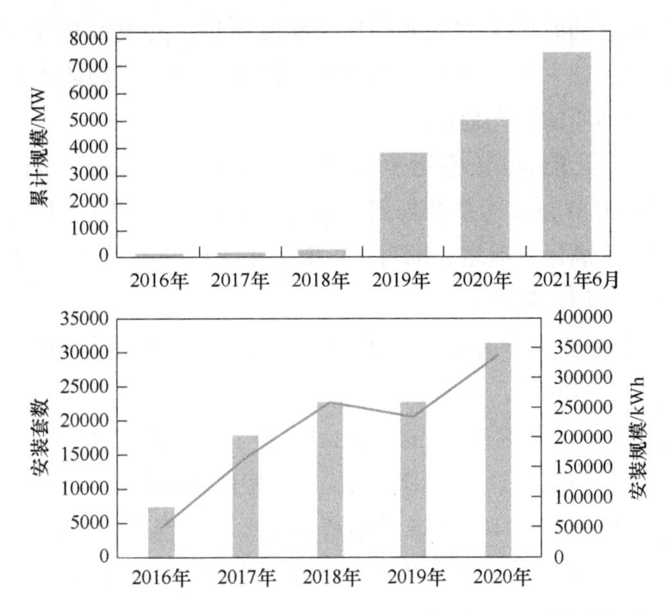

图 3-9　澳大利亚规划、在建及投运储能和户用储能新增套数与装机量

从应用重点来看，可再生能源储能、微网/离网储能、户用储能构成了澳大利亚储能市场的主要部分。目前澳大利亚国家电力市场中共安装了 30 万套光伏系统，用户屋顶光伏所发的多余电量可以销售给电力零售商，用户可以获得相应的 FIT。目前上网电价正逐步降低甚至取消，而 2021 年 3 月澳大利亚能源市场监管机构兼市场规则制定者澳大利亚能源市场委员会（Australia Energy Market Commission，AEMC）发布规则草案允许电网公司在网络阻塞时对用户上网电量进行收费，这进一步激发了市场对户用储能的需求。

从发展区域来看，维多利亚州、南澳大利亚州等地储能发展势头强劲，并且各有特点。其中，维多利亚州以发展大型储能项目为主，既有集中式可再生能源电站储能项目，又有大型电网侧独立储能项目。30MW/30MWh 的 Ballarat 电池储能系统是澳大利亚第一个直接连接到输电网的独立网侧电池储能系统，主要通过辅助服务市场和能量市场获益。2020 年 11 月，维多利亚州政府联合 Neoen 公司、特斯拉公司，共同建设了 300MW/450MWh 大型储能项目，用于提高维多利亚州—新南威尔士州联络线路之间的传输容量。由于可再生能源丰富，且出现多次大停电事故，南澳大利亚州以大型储能电站和用户侧储能项目并重，从支持电网安全以及用户保障自身用电的角度全面布局储能的应用。Hornsdale电池储能电站在多次电力紧急事件中的优异表现也为南澳大利亚州布局更多储能项目树立信心，同时基于大量的用户侧储能项目，南澳大利亚州还开展了虚拟电厂示范项目，在大型储能电站商业模式探索和分布式储能聚合参与市场交易方面处于澳大利亚的领先地位。

根据澳大利亚能源市场运营机构（Australian Energy Market Operator，AEMO）发布的2020整体性系统规划（Integrated System Plan，ISP），未来需要不同类型储能技术满足日益增长的可再生能源接入电网的需求。ISP定义了三种不同深度的可调度储能资源：

1）短时储能：包括含有电池的虚拟电厂和2h大规模电池储能，这类储能更多地应用于功率型场景，如爬坡和FCAS。

2）中长时储能：包括4h电池储能，6h和12h的抽水蓄能，以及现有的抽水蓄能电站，这类储能的价值是用于光伏发电特性和负荷带来的日内能量时移。

3）长时储能：包括24h、48h的抽蓄和澳大利亚现有的Snowy2.0大型抽蓄电站。这类储能的价值是支持长期可再生能源发电低于预期的情况以及数周或数月的季节性能量转移。

根据ISP，短期内澳大利亚电力系统需要1~2h的储能固化可再生能源间歇性的容量和日内能量时移。未来随着更多火电站退役，4~12 h的中长时储能将在更大的时间尺度中扮演能量时移的角色。

3.4.2 政策改革历程

目前，澳大利亚大多数已投运的储能项目基本都得到了联邦政府和州级政府的补贴支持，此类补贴通常以知识共享赠款协议和/或电网服务合同的形式提供。联邦政府层面，目前大多数运营储能项目的资金支持通常来自澳大利亚可再生能源署（ARENA）。自成立至2021年2月，ARENA共资助储能项目37个，通过投入2.146亿美元支持资金带动了价值9.35亿美元的项目投资。这些项目包括用户侧、离网地区和电网薄弱区的储能项目，也包括解决可再生能源高比例渗透率以及储能进入市场障碍等问题的公用事业规模储能项目。ARENA支持的各种应用场景的储能示范项目，对验证储能技术、推动储能在这些场景中的规模化应用发挥了重要的作用。2021年底，ARENA投资1亿澳元开发70MW及以上的大型电池储能项目。该资金将支持至少3个电网规模逆变器电池储能项目，单个项目的最高拨款高达3500万澳元。

州级政府层面，由于澳大利亚的储能市场以户用与商用储能为主，目前多地政府通过补贴重点支持用户侧储能系统。2018年南澳大利亚启动家用电池计划，覆盖4万余户家庭，通过清洁能源金融公司以低息贷款（1亿美元）或返还款（1亿美元）的形式帮助住宅用户购买户用光伏系统所需电池或者匹配电池容量所需光伏组件。北领地政府和西澳大利亚州于2020年推出太阳能+储能项目激励计划，主要为电网级、住宅以及社区级太阳能+储能项目提供资助。维多利亚州于2020年表示未来三年内将为1.75万个户用储能系统提供补贴，新南威尔士州、昆士兰州等也相继出台了补贴计划。

澳大利亚国家电力市场（NEM）是单一电量市场，采用分区电价区域，目前分为5个区域，大致按照州的边际划分。在NEM上，储能系统具有双重身份：既是电力供应方，又是电力消费者。

2016年11月，澳大利亚能源市场委员会（AEMC）发布《国家电力修改规则2016》，提出将辅助服务市场开放给新的市场参与者，这一规则大大增加了储能参与澳大利亚电力辅助服务市场的机会，不仅有助于增加澳大利亚调频服务资源的供应，还能够降低调频服务市场价格。2017年8月，AEMC发布《国家电力修改规则2017》，旨在通过界定用户侧资源的所有权和使用权，明确用户侧资源可以提供的服务，避免用户侧资源在参与电力市场过程中遭遇不公平竞争。

储能正日益成为NEM的一个重要组成部分，但储能作为新兴技术，在融入NEM方面还存在诸多障碍与问题。目前澳大利亚正在开展电力市场规则修改，通过提供清晰的价格信号、明确的身份、有效的激励机制以及更多的收益来源，帮助储能进入NEM并获得收益。这些规则包括：5min结算机制、综合资源供应商（IRP）市场主体身份以及系统完整性保护计划（System Integrity Protection Scheme，SIPS）。

1. 5min结算机制

2020年7月，AEMC将从2021年10月21日起实施NEM现货价格的5min结算机制。澳大利亚实行区域电价，每个州为一个价区。系统出清时，每个区域中选取一个参考节点，以结算周期内（每30min）该参考节点出清价格（每5min）的加权平均价格作为对应区域的区域电价，区域内各节点的价格由参考节点的价格乘以区域内对应的损失系数得到。

现行的30min的结算期，始于1998年，随着可再生能源发电的不断增长以及化石燃料发电设施（包括燃煤电厂）的退役，系统对使用灵活且响应迅速的技术的需求越来越强烈，30min为一个结算周期的价格机制已经无法反映价格的快速波动，并激励电池储能系统等快速资源响应价格，从而也限制了能量套利机会。而5min结算机制，一方面，与目前的5min调度间隔更匹配，另一方面，也意味着增加结算周期的粒度，能够呈现更准确的价格信号，更好地补偿储能等快速调节资源在几个交易间隔内快速充放电提供的服务，进而增加其盈利能力。

该项规则的修改将有利于储能系统、需求响应服务等快速、灵活资源在市场中提供服务，进而促进资本对这些技术的投资。另外，由于该规则的修改将增加储能在NEM和FCAS市场的套利机会，因此也会影响市场化辅助服务品种和非市场化辅助服务品种的费用支付及成本分摊。

2. 综合资源供应商市场

由于澳大利亚国家电力法（NER）早期发布时，市场中储能较少，因此NER中并未过多考虑储能。随着接入电力系统的储能越来越多，在主体身份不明确的情况下，储能通常以两种不同市场身份类别（发电商和用户）注册并参与NEM，基于储能两种市场主体身份的系列问题也逐渐暴露出来。

首先，储能分摊非能源成本的方式与其他市场参与者存在不同。非能源成本是指AEMO通过市场化辅助服务（如调频市场）、非市场化辅助服务（如黑启动）以及监管机制管理电力系统时涉及的技术成本。一般来说，AEMO会根据相关交易间隔（目前为30min）内市场参与者的用电量和发电量按比例向参与者回收这些服务和机制的成本。但电网规模电池储能是根据注册的两类市场主体身份（发电商和用户）进行充放电的，因此在发电和放电时均需要缴纳非能源成本。而其他市场参与者，包括发电商、用户和小型发电聚合商（MGSA）在市场中是以单一身份进行注册，因此，其费用主要是基于用电量和发电量的净电表计量数据进行缴纳，这就使得储能与其他市场参与者在分摊非能源成本方面存在不公平。

其次，在现有身份框架下，储能必须按照负荷和发电两种类型分开进行市场竞价，不能将其合并为单一报价，AEMO也只能将其按照负荷和发电分开进行排序调度。另外，在结算时，储能需要按照负荷和发电分别计算“边际损失因子”。“边际损失因子”由AEMO进行计算并于每年的4月1日发布，反映的是电力在进行输配时由于电阻等物理因素造成的“损失”。在AEMO与市场主体进行交易结算时会引入该因子，进而影响市场主体收益。因此，在考虑两次“边际损失因子”的情况下，储能的收益受到较大影响。

最后，对于包含储能或者不包含储能的混合系统来说，系统内的不同技术均需要进行分开竞价、发电排序和调度。如一个混合系统中包含电池储能和风电场，则风电场必须和电池储能进行分开竞价等市场活动，使得混合系统整体或者部分接受调度的灵活性受到限制。

基于上述问题，2019年8月23日AEMO向AEMC提交市场规则更改请求，以支持储能系统参与NEM。AEMC启动名为“Integrating energy storage systems into the NEM”的规则修订计划，并在广泛征集意见之后，于2021年9月形成规则决议草案。在草案中，AEMC提出以下规则修订内容：

1）引入一个新的市场主体注册类别，即综合资源供应商（IRP），允许储能和混合系统注册为单一市场主体身份，而非两个不同的类别。

2）明确适用于不同技术配置的混合系统的调度义务，包括直流耦合系统（单个逆变器系统之后包括不同的技术），以便系统运营商灵活选择系统所包含的技术是接受完全调度还是接受半调度。

3）允许混合系统在连接点之后管理自身的电量，即在系统安全裕度内，“总体”实现调度一致性。

4）明确适用于电网规模的储能单元和混合系统中部分技术的性能标准，这些标准可以用于测量储能或混合系统中部分技术在连接点的性能。

5）将现有的小型发电聚合商转移到新类别之下，并推动新的小型发电单元和/或储能单元的聚合商在IRP类别下注册（新的聚合商仍然可以注册为市场用户）。IRP类别下注册的单元，能够以发电和负荷的形式提供市场辅助服务。

6）针对非能源成本回收，该规则草稿提出，无论参与者注册何种市场主体类别，新规则将根据市场参与者的用电量和发电量回收非能源成本。所有市场参与者的用电量和发电量采取分别计量的方式，取消之前在一个连接点或一个市场参与者的多个连接点之间进行净计量的规定。这里计量的电量不包括连接点之后的所发电量和用电量，如屋顶光伏在本地消纳的电量。

该规则决议草案能够简化储能在电力市场中的注册流程，更好地将储能等双向资源融合NEM，提高利益相关方参与市场的清晰度和透明度，为所有参与者创造更公平的竞争环境，进而支持电力系统向接入更多可再生能源过渡。AEMO预计该项规则修改将给NEM电力系统带来诸多变化，同时也会带来1900万~2870万美元的初期成本投入，但经过整体评估之后，规则修改带来的收益将远超成本投入，因此AEMC将推动该规则决议于2023年4月28日发布终稿。

3. 系统完整性保护计划

2016年南澳大利亚州大停电事故发生后，为了避免再次发生由于多个发电机组脱网带来的大停电事件，在 AEMO 的支持下，南澳大利亚州输电网络服务供应商 ElectraNet 公司于 2017 年 12 月开发并实施了系统完整性保护计划（SIPS）。该计划包括三个渐进的阶段：

1）**阶段一**：触发快速响应，电池储能系统注入能量。

2）**阶段二**：触发减负荷，削减南澳大利亚州区域内 200~300MW 负荷。

3）**阶段三**：失步跳闸，即断开外部连接点，南澳大利亚州区域发生孤岛效应。

目前，特斯拉位于南澳大利亚州 Hornsdale 风电场的 100MW/129MWh 储能电站参与了 SIPS，是该计划第一阶段的重要参与主体，以保护南澳大利亚州与维多利亚州之间的 Heywood 连接线。尽管 SIPS 预留了该电站 70MW 的容量，但在 ElectraNet 发送信号的 250ms 以内，该储能电站能够为 Heywood 连接线提供 70~140MW 的容量支持。

尽管 SIPS 是南澳大利亚州政府应对未来日益增多的可再生能源带来的电网安全事件的重要手段，但该项计划在设计时没有考虑一旦南澳大利亚州电力系统从 NEM 中脱离出来之后应该采取何种措施，因此 2018 年 11 月 5 日，AEMO 向 AEMC 提交对 SIPS 进行升级的申请，并要求在预测到将迎来破坏性大风天气时限制 Heywood 连接线的外来电规模。

NEM 输电网呈现狭长、低密度分布的特点，发电机组和负荷中心呈分散式分布，五个州级输电网络通过互联线连接，一旦互联线发生跳闸，则对州级输电网络影响较大，而近年来森林大火和风暴等极端天气越来越频繁地威胁着电力系统稳定安全以及各州电网之间的互联，因此澳大利亚寻求通过新建储能，增强输电网之间的连通能力。借鉴南澳大利亚州 SIPS 经验，维多利亚州政府委托 AEMO 开展 SIPS 服务采购计划，以降低夏季高峰用电期间的断电风险。维多利亚州的火电机组大多服役年限已久，存在供应安全风险，加之气候变化带来的极端炎热天气越来越频繁，维多利亚州亟需增加新的容量满足本州的供电安全与稳定。AEMO 目前已经选定 Neoen 公司建设 300MW/450MWh 的电池储能项目，并与其签订 SIPS 服务供应合同预留该储能项目 250MW 的容量，用于提升维多利亚州-新南威尔士州的连接线容量。当发生系统紧急事件时，如输电线跳闸时，AEMO 需要 15min 的时间保障系统安全，并避免维多利亚州-新南威尔士州连接线过载，进而避免大规模停电。电池能够连续以 250MW 的功率放电 30min，用于保障系统稳定，为 AEMO 调整系统潮流或安排其他应急计划提供时间裕度。

根据合同，250MW 储能容量将在澳大利亚夏季期间（11 月 1 日至次年 3 月

31 日）提供 SIPS 服务，50MW 由系统运营商管理并进行商业化应用。非夏季期间，储能电站的全部容量均可以用于商业用途。SIPS 服务的成本为 8480 万美元，按照 10.5 年合同周期进行支付。根据澳大利亚环境、土地、水和规划部 DELWP 委托独立第三方机构开展的研究，该项目产生的总成本包括政府成本（DELWP 的合同管理成本）、采购成本（AEMO 和 DELWP 的采购前成本和采购成本）以及用户成本（项目服务费疏导到用户侧的成本、AEMO 的合同管理成本），总收益包括用户收益（该项目带来的用户电费节约收益、避免停电收益）和市场收益（调度成本节约、该项目通过节约其他机组的燃料费及运维费带来的调度收益以及减少需求侧响应服务费带来的收益），通过评估得出 SIPS 服务的成本收益比是 1∶2.4，系统性收益远高于项目产生的总成本。SIPS 产生的成本将通过电力用户的电费进行回收。

从近两年储能在 NEM 中的收益来源看，调频辅助服务（FCAS）市场仍是大型电池储能系统的主要收入来源。BNEF 数据显示，2020 年澳大利亚储能参与 FCAS 市场的盈利能力得到了很好的证明，占市场总收入的 99%。另据 AEMO 数据，2021 年第四季度澳大利亚电池储能净营收（即扣去能量成本之后）为 1400 万美元，其中 FCAS 收益占总营收的 68%。储能在澳大利亚国家电力市场中的收益情况如图 3-10 所示。

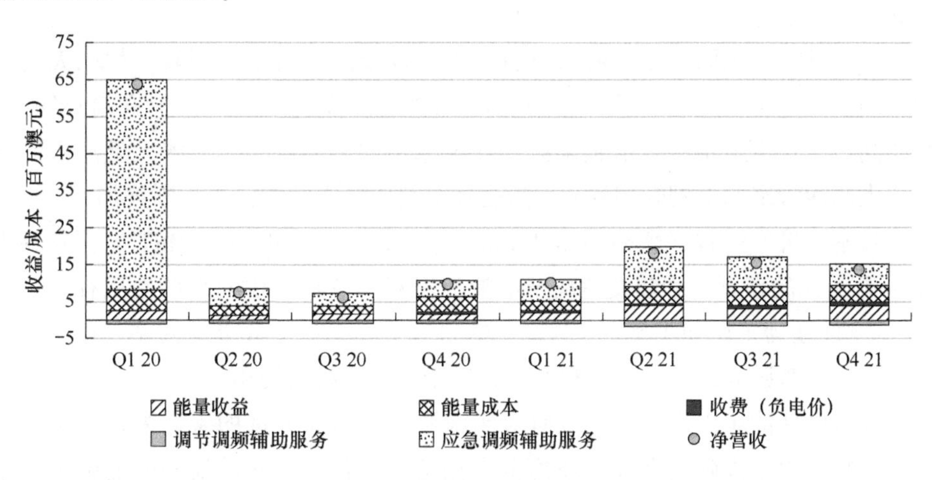

图 3-10　储能在澳大利亚国家电力市场中的收益情况（来源：AEMO）

针对户用储能（包括户用储能聚合后的虚拟电厂储能），储能系统的主要收益来源是配合屋顶光伏自发自用带来的电费节约收益，其他收益因各州的政策不同而有所差异。以南澳大利亚州虚拟电厂储能（VPP）项目为例，2020 年

1月，一场风暴摧毁了州输电线路之后，该虚拟电厂储能项目在不到两周的时间内获得的收入达到100万澳元以上。相关测算表明，澳大利亚每个家庭每年平均需要18kWh的电力，而参与VPP项目使住宅用户每年在电力市场获得的收入将近3000澳元，也就是说，其储能系统的投资回收期约为6.8年。南澳大利亚州计划到2022年开通运营一个由5万户住宅太阳能+储能系统构建的虚拟电厂项目，该项目装机容量约为20MW，储能容量为54MWh。

3.5 日韩新型储能参与电力市场情况

3.5.1 日本市场与政策现状

日本的储能装机需求集中在表后户用储能，其次是表前能量时移。户用储能自2012年以来保持高增长态势，能量时移需求波动较大。本节将分析日本储能发展现状，包括装机增速、规模、结构及主要市场参与模式，以及固定价格收购（FIT）制度和零能源房屋（ZEH）补贴对各类储能的激励效果，并展望日本储能发展趋势。

由于日本国土面积小、需求量占比大，以及地貌特征等因素，相比大规模的太阳能发电站，屋顶光伏产业和分布式电站的发展在近几年上升趋势明显。与此同时，日本采用激励措施来鼓励住宅采用储能系统，以缓解大量涌入的分布式太阳能带来的电网管理挑战，这也让电池储能系统的需求不断增加。

日本经济产业省（Ministry of Economy, Trade and Industry, METI）出资约为9830万美元的预算，为装设锂离子电池的家庭和商户提供66%的费用补贴。此外，METI还为工厂和小型企业拨款779百万美元，以提高能源效率，这一举动也旨在为了激励太阳能发电厂和变电站对于储能系统的使用。

为鼓励新能源走进住户，政府对实施零能耗房屋改造的家庭提供一定的补贴，补贴来自中央政府和地方政府两个渠道，到目前为止政府补贴能够占到整个电池零售价格的40%~50%。

除了财政上的大力支持，日本政府在新能源市场的政策导向也十分积极。要求公用事业太阳能独立发电厂装备一定比例的电池来稳定电力输出；要求电网公司在输电网上安装电池来稳定频率，或从供应商购买辅助服务；在配电方，配电网或者微电网也有奖励政策鼓励电池使用，他们也可以把电池业务外包给第三方；同时消费者可以装配他们自己的太阳能和电池，甚至家庭也可以把电池储存的电能进行销售。在电动汽车方面，像特斯拉、奔驰、BMW、尼桑等，宣传电动车、太阳能和电池的组合，这或许会成为日本未来电池销售的主流方向，具有强大潜力。

实际上目前还存在一些推广障碍，譬如灵活性不足，不可以向他人进行售电，电气工程知识与专业技术匮乏造成用户安装、运行和维护困难等。因此，日本政府和监管机构制定了一系列电池储能政策以及监管体系，以推动储能电池的发展。

日本储能政策主要包括产业发展规划、电价激励、可再生能源发展、分布式能源系统发展、设备投资激励政策等。其中，产业发展规划政策主要包括“日光计划”“月光计划”“新日光计划”等；电价激励政策主要有抽水蓄能的推动政策等；可再生能源发展政策主要包括电力企业采购可再生能源电力的特别措施法、电力公用事业的经营者采购可再生能源的特别措施法等；分布式能源系统发展政策主要有《节能法修正案》；设备投资激励政策主要有锂离子电池储能补贴政策。整体而言，日本政策具有前瞻性、全面性、高效性和可持续性的特点。

根据 BNEF 数据，日本 2010—2020 年累计装机 1.91GW，分场景看，日本的储能装机需求集中在表后户用储能，其次是表前能量时移，两者 2010—2020 年累计装机占比分别为 62%和 29%；户用储能自 2012 年以来保持高增长态势，2012—2020CAGR（年复合增长率）达到 44%；能量时移需求波动较大，在 2016 年和 2020 年出现过需求集中释放，同比增长分别达到 96%和 914%。

光伏固定价格收购（FIT）制度及零能源房屋（ZEH）补贴驱动户用储能高增长。在政策层面，日本于 2012 年启动 FIT，给予光伏较高的并网电价，带动光伏装机快速增长，为户用储能开辟应用场景；同时，日本政府 2018 年开始执行 ZEH 计划，并提供补贴，2019 年 ZEH 补贴预算为 551.8 亿日元，包含 208 款户用储能产品。ZEH 针对储能产品的补贴大幅提高了户用储能投资的经济性，进一步驱动户用储能持续高增长。此外，地方强制配储政策及表前光伏并网到期拉动能量时移储能装机需求。2015 年，北海道和冲绳等地区对于大规模光伏出台强制配储政策，强制要求所有 2MW 以上的光伏项目安装储能系统，直接拉动表前能量时移储能装机在 2015—2016 年高增长；此外，METI2018 年要求对在 2012—2014 年间获得 FIT 合同但未完工的表前光伏项目（合计约 23.5GW）在 2020 年完成并网并运营，否则 FIT 将被降至 21 日元/kWh，带来 2020 年表前光伏抢装，拉动表前能量时移储能装机同比激增 914%。

3.5.2 韩国市场与政策现状

韩国2010—2020年累计装机3.79GW。分场景看，韩国储能装机需求集中在表前能量时移和表后工商业储能，2010—2020年累计装机占比分别达到56%和31%；能量时移装机自2013年以来持续保持高增长，2013—2020CAGR达到104%，工商业储能受火灾事件及补贴退坡影响，2019年后装机增速放缓。

装机增量均受政策驱动，能量时移可持续性更强。韩国储能市场装机集中于工商业与电表前能量时移，两者均受到政策驱动。工商业储能政策集中于增加收益，补贴退坡后短期装机下滑，电表前能量时移装机受益于长期RPS（可再生能源配额制）目标下的REC（可再生能源证书）政策激励，长期驱动韩国储能装机。

韩国工商业储能补贴政策包括电费补贴与功率补贴，2017年前补贴效用有限，2017年开始大幅提升两类补贴力度，工商业储能投资IRR大幅改善。

电费补贴：为了鼓励工商业配置储能并参与削峰填谷，韩国于2015年开始推行工商业储能电费补贴，给予储能在非高峰用电时间充电10%的电费折扣。2017年5月起，韩国政府大幅提高该补贴力度，将充电折扣提升为50%，同时该政策将补贴按功率大小辅以权重，配置功率小于5%/5%~10%/大于10%合约功率的储能可以分别获得原基础上0.8/1.0/1.2倍的补贴。

功率补贴：2016年4月，韩国宣布在用电高峰期参与调峰的储能可以得到对应储能功率补贴。2017年5月，功率补偿被提升为原本的3倍，同时该政策将补贴按功率大小辅以权重，配置功率小于5%/5%~10%/大于10%合约功率的储能可以分别获得原基础上0.8/1.0/1.2倍的补贴。

此外，韩国针对电力企业实施RPS，REC证书成为关键资产。2012年，韩国实施RPS，强制要求电力企业销售的电量中有一定比例可再生能源。根据RPS的规划，到2022年REC权重调整后的企业新能源发电量占比需要达10%以上。RPS考核落实到企业身上的指标是REC，它是一种对发电企业的新能源发电量给予确认的、具有交易价值的凭证，是发电企业的关键资产。

风光配储拥有高REC乘数，改善储能投资经济性，激发能量时移储能装机。韩国RPS强制发电企业进行一定比例的新能源发电，新能源实际发电量与REC乘数共同决定是否达标，多余的REC还可以进行市场化交易。为鼓励储能发展，韩国政府给予风光+储能更高的REC乘数，提高储能投资经济性，驱动了能量时移市场的高增长。

3.6 国际经验对我国新型储能参与市场的启示

3.6.1 现状与问题

2016 年 6 月《关于促进电储能参与“三北”地区电力辅助服务补偿（市场）机制试点工作的通知》出台后，陆续有部分地区允许第三方储能进入调频、调峰市场，在全国起到了示范的作用。2021 年 7 月国家发展改革委、国家能源局发布《关于加快推动新型储能发展的指导意见》，要求明确储能市场主体的定位，探索将电网替代性储能设施成本收益纳入输配电价回收。2022 年 5 月《关于进一步推动新型储能参与电力市场和调度运用的通知》提出鼓励独立储能签订顶峰时段和低谷时段市场合约，独立储能电站向电网送电的，其相应充电电量不承担输配电价和政府性基金及附加。

在政策激励下，我国新能源发电侧和用户侧储能加速发展，但相比欧美国家，国内储能参与电力市场的程度仍然偏低，尤其是新型储能本质上没有完全成为市场主体，只在促进可再生能源消纳、削峰填谷等特定场景下发挥作用。

目前，山西、广东、甘肃、宁夏等地尝试性地开展了调频、调峰、需求侧响应机制，但准入门槛仍然较高。在允许储能参与市场的省份中，大部分要求储能的放电功率达到 10MW，要求较低的广东省也达 2MW，远高于美国 0.1MW 的准入条件。较高的准入门槛固然减轻了市场组织的压力，但也使得市场不能充分利用小型储能设施，并阻碍了小型储能的投资。

与 PJM 类似，山西、广东等部分省份的调频市场也引入了表现支付，给予响应速度快、精度高、延迟少的资源更多支付。此外，市场还对调频容量、调频里程给予部分支付。但目前大部分省份的调频市场依旧独立运行，无法很好地考虑调频、能量、备用等标的间的耦合关系。

调峰补偿是现货市场未建立、分时价格未形成时的过渡机制。目前国内调峰市场未形成有效的价格机制，激励不充足、不稳定、不够准确。部分省份设定固定补偿价格，大多在 0.4~0.7 元/kWh 之间，难以为电化学储能参与调峰提供充足利润。固定价格机制未能通过能量市场准确地反映不同系统、不同日期调峰的价值差异，可能造成价格信号的扭曲。现有的调峰补偿价格也有被政策干预的可能，面临下降甚至取消的风险，难以向储能投资者传递稳定的收益预期。

目前中国在推动现货市场的建设，市场运营成熟后，第三方储能有望通过分时价差，获取调峰价值的奖励。各现货试点也在探索容量、辅助服务等全套市场体系。这一过程中，我国也终将面临与国外类似的储能市场参与问题，包括如何考虑储能的物理特性，设计合适的报价模式和能量市场出清模型，如何在容量补偿机制中对储能的容量支撑予以奖励等。

3.6.2 启示与建议

目前我国新能源侧强制或鼓励配套的储能设施，以及参与辅助服务市场的储能设施，其系统性成本与收益，以及相关受益主体尚未得到详细且明晰的评估，成本也未疏导至“肇事方”或受益主体，导致政策的有效性和可持续性较差。因此建立“谁受益、谁承担”的市场机制，鼓励储能通过参与电力市场疏导其高额成本是当务之急。

国外电网结构与中国电网结构不同，经验固然不能完全照搬，但在实现碳中和的过程中，各国在电力灵活性资源和调节容量等方面存在相似的需求。拥有自由电力市场的欧、美、澳等地区和国家，在已经具备储能商业化应用的市场环境下，仍在政策与机制方面持续调整与改善，相关经验值得国内研究借鉴。

目前我国已明确新型储能可作为独立储能参与电力市场，在调度和结算层面已有原则性意见，新型储能普遍可叠加获得容量租赁和参与电力市场收益。但一方面由于容量租赁缺乏定价机制，也没有可供参考的指导价，出租人和承租人在进行储能容量价值的衡量方面存在一定分歧，导致容量补偿偏低，另一方面现货市场又面临充放电价格差和峰谷时段的不确定性而带来较大的收益风险。

因此，应着重完善适应新型储能的电力市场机制设计，解决储能面临的报价、调度、结算、费用收取等问题，避免市场主体之间存在竞争不公平现象：

降低新型储能市场准入门槛。考虑到中国目前储能准入门槛较高的情况，建议在政策上做好迎接更多小规模储能参与市场的准备，并优化出清算法、提升算力以应对更多投标。

推进辅助服务与现货市场建设。在我国调峰调频机制短期内仍有应用空间，因此建议根据系统运行情况建立动态调峰价格机制，并在供给侧建立调峰竞价机制。在调频机制方面，建议在更多省份推广按调频效果付费的机制，奖励快速响应资源。随着可再生能源接入电力系统比例的增加，电力系统惯量供应不足，且频率控制、电压控制等将成为新的挑战，各地有必要结合实际情况，探讨设立快速调频、爬坡、惯量支撑、备用等各类辅助服务品种。在远期，可逐步将现有的调峰调频市场与现货市场融合，用分时价格替代调峰机制，并推动能量与调频市场的联合运行。

完善电力市场交易模型。中国当前的现货市场试点仍在起步阶段，投标、出清等环节仍不能精细化地适应储能的物理特性，因此急需建立完善的能量市场出清模型，使之适应储能的荷电状态约束、老化成本等特性，并探索不同参与机制对不同类型储能的适用性。各试点市场应适时考虑储能参与交易的机制要素设计，如根据自身的软件算力、市场主体投标能力等实际情况，确定荷电状态约束的管理责任方和投标标的形式。另外，可探索量-价投标、自调度、市场组织者直接调度等多种市场参与模式，以便于储能市场主体根据其自身特点和主观意愿选择。

探索储能容量定价与交易机制。中国未来电网的可再生能源比例将不断提升，电网实际运行需要不同能量功率比的储能以应对不同持续时间的尖峰负荷。因此，需要差异化考虑不同能量功率比储能的容量价值，以取代简单地以最小持续放电时间对储能容量进行无差别折价的粗糙方式。在技术条件成熟后，可过渡到有效负荷承载能力（ELCC）模式，实现容量价值的精确化核定。此外，可开展以储能容量的使用权为标的的交易机制，可以灵活地实现运营委托，满足个性化的交易需要，使储能资源在更大范围内发挥更大的贡献，提高其投资运营的经济性。

探索管制渠道补偿可行性。在被管制渠道上，探索解决储能作为输电资产的若干难题，分析储能从被管制渠道获取收益的可行性，研究储能通过输配电价回收成本的比例，形成一揽子解决方案。

加强储能价格市场监管。随着储能规模扩大，如果峰谷差降低，则储能可能在市场上出现策略性报价的情况，如虚报高价或物理持留等，而现有的市场监管办法难以对这种情况进行辨识与干预。因此有必要考虑现货市场边际电价支付机制下储能潜在的策略性行为，对储能成本（能量成本、机会成本、装置老化成本等）进行核准分析，探索构建按照实际贡献支付的价格机制。

完善分布式储能市场参与机制。分布式可再生能源是未来中国重要的能源发展方向，分布式储能作为其配套，对于配电网实时平衡、自主调峰具有重要作用。一方面，可开展聚合商聚合分布式资源的试点项目，在实践中探索发展商业模式，帮助批发侧市场更好地利用分布式储能资源。另一方面，可探索研究储能参与配电网侧直接交易的机制，形成交易成本低、流程简单、适应性好的分布式储能市场参与机制。

参考文献

[1] 陈启鑫，房曦晨，郭鸿业，等．储能参与电力市场机制：现状与展望［J］．电力系统自动化，2021，45（16）：14-28.

[2] 袁性忠，胡斌，郭凡，等．欧盟储能政策和市场规则及对我国的启示［J］．储能科学与技术，2022，11（07）：2344-2353.

[3] 朱寰，徐健翔，刘国静，等．英国储能相关政策机制与商业模式及对我国的启示［J］．储能科学与技术，2022，11（01）：370-378.

[4] 廖宇．德国电力市场设计的得失与启示［J］．中国电力企业管理，2022．（13）：54-58.

[5] 刘国静，李冰洁，胡晓燕，等．澳大利亚储能相关政策与电力市场机制及对我国的启示［J］．储能科学与技术，2022，11（07）：2332-2343.

[6] FIGGENER J，STENZEL P，KAIRIES K P，et al. The development of battery storage systems in Germany：A market review（status 2022）［R］．（2022-03-13）［2023-03-23］. https：//arxiv. org/ftp/arxiv/papers/2203/2203. 06762. pdf.

[7] Electric Storage Participation in Markets Operated by Regional Transmission Organizations and Independent System Operators，Order No. 841，162 FERC ¶ 61，127（2018），order on reh'g，Order No. 841-A，167 FERC ¶ 61，154（2019）［Z］.

[8] The Office of Gas and Electricity Markets. Decision on clarifying the regulatory framework for electricity storage：changes to the electricity generation licence［R］．［2020-10-02］.

[9] AEMC. Integrating energy storage systems into the NEM，Rule determination［R］．［2021-10-02］.

第4章

国外新型储能参与电力市场相关研究经济学理论分析

4

完善新型储能市场化“两部制”上网电价机制。新型储能作为独立市场主体参与市场交易，执行基于市场化模式下的“电量电价+容量电价”两部制上网电价机制。**支持独立储能参与中长期市场和现货市场。**

——山东省能源局关于印发《支持新型储能健康有序发展若干政策措施》的通知，2023 年

建立电网侧储能示范项目奖补机制。

——2024 年浙江省扩大有效投资政策

推动新型储能多元发展。基于电力系统调节能力分析，根据不同应用场景，科学安排新型储能发展规模。创新拓展新型电力系统商业模式和交易机制，为工商业电力用户与分布式电源、新型储能等主体开展直接交易创造条件。**研究完善储能价格机制。**

——《国家发展改革委国家能源局关于新形势下配电网高质量发展的指导意见》，2024 年

4.1 基础模型设定

在本节中，将对基础模型的相关假设和设定进行描述。

4.1.1 供给与需求

首先将构建一个基础的电力市场供需模型，假设：

1）电力供给由一条优序排列的凸曲线进行描述，即发电量按边际成本或生产意愿升序排列（其中新能源发电商的边际成本为零且发电量为定值 VRE），系统操作员（SO）按此顺序进行电力调度，以最低成本满足市场需求并以市场价格进行出清。

2）电力需求完全无弹性，即电力市场中没有需求侧价格响应，例如当电力客户无需面对实时电价时。

4.1.2 完全竞争市场

在完全竞争的电力市场中，所有发电商都以其边际成本进行报价，因此价格是边际成本的完美信号。

1）市场中传统能源发电商的总边际成本函数，即供给函数的反函数，表示为 $P^C(Q)$。

2）D_1 代表低谷负荷，D_2 代表高峰负荷，其对应电价分别为 $P_1=P^C(D_1)$ 和 $P_2=P^C(D_2)$，且 $P_1<P_2$。

3）系统操作员采用多单位统一价格拍卖，即电力用户为 Q^* 单位的电量消费支付每单位 $P^C(Q^*)$ 的价格。

4.1.3 储能的典型技术特征

储能的典型技术特征包括功率容量（MW）、能量容量（MWh）和往返效率等（见表 4-1）。根据储能技术的不同（如锂离子、氢燃料等）和应用场景的不同（如独立储能、用户侧储能等），这些特征有着显著差异。

表 4-1 储能的典型技术特征

技术特征	定义	相关影响
功率容量（K_{CH}）	储能放电的最大速率	影响储能的最大电流和利用套利机会的速度
能量容量（K_E）	储能所能容纳的最大能量水平	限制了储能套利能力的时间范围
能量功率比（E/CH）	储能能量与功率的比率	决定了储能进行套利直到其容量限制的速度。较低的能量功率比意味着更快的充放电速度，储能在较小的价格波动中也可套利

（续）

技术特征	定　义	相关影响
往返效率（γ）	储能在充放电过程中存在一定的能量损耗，电能的净留存比（即往返效率）γ位于0~1之间	影响储能的使用效率和成本

4.2 独立储能

目前，我国独立储能的收益主要来源于调峰和调频收益以及容量租赁费。随着各省现货市场的推进，调峰市场将不再运行，独立储能电站获利方式将更加灵活，通过电能量市场价差进行套利，也对经营决策能力提出了更高的要求。本节将基于经济学理论，在完全竞争市场的框架下，研究独立储能参与电力市场的充放电决策问题，讨论独立储能参与电力市场后对各市场主体收益的影响，并对市场效率进行分析，提出相关政策建议。此外，本节还将对基础模型进行拓展，探讨新能源发电具有波动性以及不完全竞争市场下储能参与市场的情况。

4.2.1 基础模型

1. 独立储能参与市场的充放电决策问题

储能运营商通过跨期价差进行套利。与传统发电机组不同，储能的生产成本（充电时的电价）是动态的，因此储能的充放电决策是一个动态问题。储能在不同时段的充放电决策互相关联，当前时段的充放电量会影响到未来时段的充放电量。例如，若储能运营商决定在一个时段结束时放出所有电量，那么在下一个时段它将不能放出任何电量。考虑市场中电力用户对电力的需求量和其他发电商的发电量，并在给定的技术条件限制下，储能运营商将对其充放电进行最优决策。

以一个两期的电力市场为例。假设传统能源发电商进行报价时不考虑储能的影响。在这个市场中，储能运营商希望自己的收益能最大化，图4-1展示了独立储能参与市场的充放电决策问题。假设储能设备的功率容量$K_{CH}=\bar{q}$、往返效率为γ，初始状态的存储电量为零。储能运营商面对的剩余需求（即总需求减去市场中其他发电商的发电量）在两个时段分别为RD_1和RD_2，其中第一个时段为低谷时段、第二个时段为高峰时段，对应的价格函数分别为 RD_1^{-1} 和 RD_2^{-1}。储能运营商对两个时段的剩余需求形成预期，并决定在第一个时段以 $P_{1,s}$ 的价格充入 q 单位电量。在第二个时段，由于往返效率的影响，储能只能放出 γq 单位电量。如图 4-1 所示，左边的矩形展示了储能运营商在低谷时段充电所支付的费用，右边的矩形则代表了储能运营商在高峰时段放电所获得的收入。储能运营商的利润最大化问题可表示为

$$\max_{q\leqslant\bar{q}}E[RD_2^{-1}(\gamma q)]\gamma q-E[RD_1^{-1}(-q)]q \tag{4-1}$$

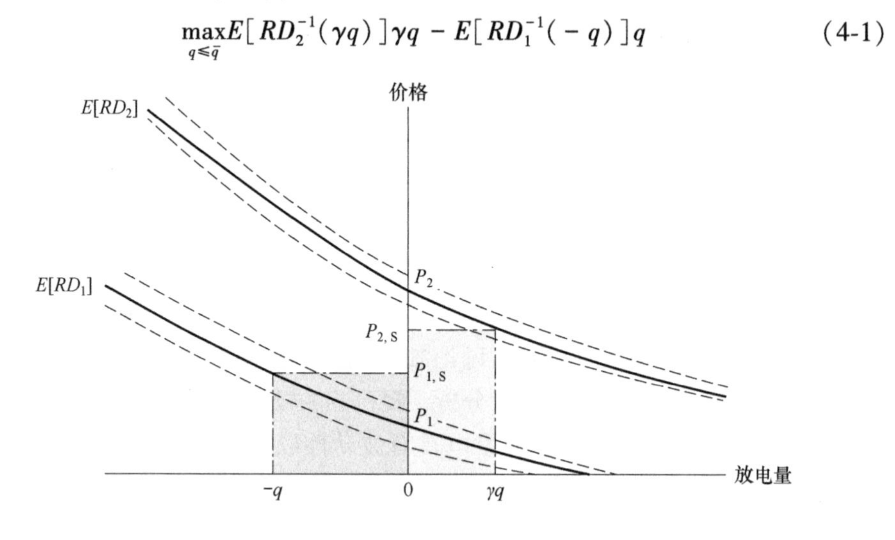

图 4-1　独立储能的两期充放电决策问题

由一阶条件可得最优充电量为

$$q^*=\begin{cases}-\dfrac{\gamma E[RD_2^{-1}(\gamma q)]-E[RD_1^{-1}(-q)]}{\gamma^2E\left[\dfrac{\partial RD_2^{-1}(\gamma q)}{\partial q}\right]+E\left[\dfrac{\partial RD_1^{-1}(-q)}{\partial q}\right]} & ,\ q^*\leqslant\bar{q}\\ \bar{q} & ,\ q^*\geqslant\bar{q}\\ 0 & ,\ q^*\leqslant 0\end{cases} \tag{4-2}$$

如果储能设备的功率容量 $\bar{q}$ 很小，当 $q^*\geqslant\bar{q}$ 时，储能将充满电；当 $q^*\leqslant 0$ 时，储能将不进行充电。随着储能设备功率容量 $\bar{q}$ 的增加，q^* 存在内点解的可能性增加。此外，预期价差和剩余需求的弹性都会影响储能的充放电决策。峰谷价差的增加给储能带来更多的套利机会，储能的充放电量也随之增大。另一方面，高剩余需求弹性会迅速缩减峰谷差，减少储能的套利空间。此时，储能有动机持留一部分充放电容量以保持较高的价差。

为了使后续讨论及结果展示更加简洁明了，在不影响结论的前提下，假设

q^* 为内点解，且储能设备无效率损失（即 $\gamma=1$）和运营成本。根据以上结果及假设，储能运营商将在低谷时段充入电量 q^* 并在高峰时段将其全部放出。由于假设需求是无弹性的，储能的充放电相当于使需求产生相应的变化，即 D_1 增加了 q^*、D_2 减少了 q^*，市场价格也随之发生了变化。储能增加了低谷时段的电力需求，使低谷时段的电价提高到 $P_{1,S}$；相反地，储能降低了高峰时段的电力需求，使高峰时段的电价降低为 $P_{2,S}$。随着储能的加入，高峰时段与低谷时段的价差减小，电价变得更加平滑。若 ΔP_1 和 ΔP_2 分别表示低谷和高峰时段电价的变化，即 $\Delta P_1=P_{1,S}-P_1$，$\Delta P_2=P_{2,S}-P_2$。由于总边际成本函数 $P^C(Q)$ 的凸性，高峰时段电价的变化大于低谷时段电价的变化（$\Delta P_2>\Delta P_1$）。储能运营商的利润 Π 为（$P_{2,S}-P_{1,S}$）× q^*，如图 4-2 所示。

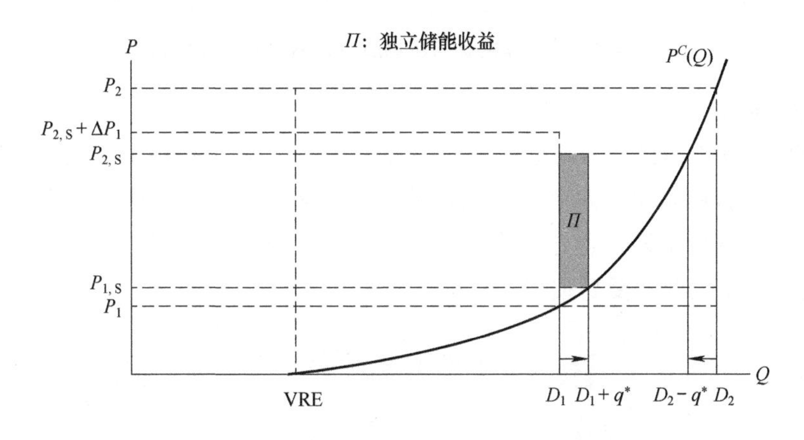

图 4-2　独立储能参与完全竞争市场的收益

2. 各市场主体收益变化

储能参与电力市场后，将对市场中其他参与者所面对的电价和电量产生影响，从而导致各市场主体收益发生变化。

（1）电力用户

电力用户收益将会增加，如图 4-3 所示。随着储能充放电量 q^* 的增加，非边际机组的低谷时段价格变得更高而高峰时段价格变得更低，电力用户的用电成本也随之发生变化。高峰时段对应的电力需求更大（$D_2>D_1$），由于总边际成本函数 $P^C(Q)$ 的凸性，高峰时段价格下降使电力用户减少的支出要大于低谷时段价格升高使电力用户增加的支出。因此，电力用户总用电成本减少、收益增加。

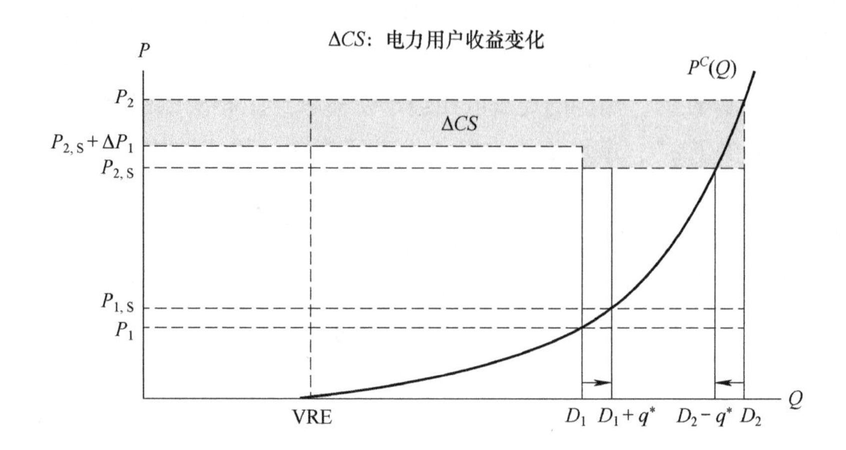

图 4-3　独立储能参与市场后电力用户的收益变化

(2) 新能源发电商

新能源发电商的收益将会减少，如图 4-4 所示。同上所述，储能的充放电量 q^* 使低谷时段的电价升高而使高峰时段的电价降低，从而使总体电价变得更加平滑、平均电价下降。由于假设新能源发电量为定值，随着平均电价的下降，新能源发电商的收益受到损害。

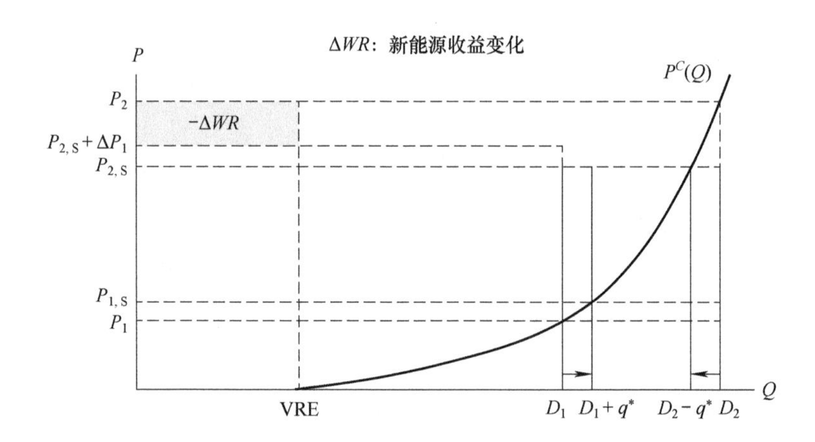

图 4-4　独立储能参与市场后新能源发电商的收益变化

(3) 传统能源发电商

传统能源发电商的总体收益将会减少，如图 4-5 所示。储能在进行套利的同时，还会从电价和生产量等方面影响现有的传统发电机组。当储能放电时，原来高峰时段的边际机组被储能取代，价格下降；当储能充电时，低谷时段需要新的机组成为边际机组，价格上升。因此，储能通过发电量在时段上的转移来影响边际机组，并通过改变电价来影响非边际机组。虽然在低谷时段新增的边际机组的收入增加，但由于总边际成本函数 $P^C(Q)$ 的凸性，在高峰时段被取代的边际机组减少的收入相对更多。同时，平均电价的下降也将损害非边际机组的收益。因此，传统能源发电商的总体收益减少。

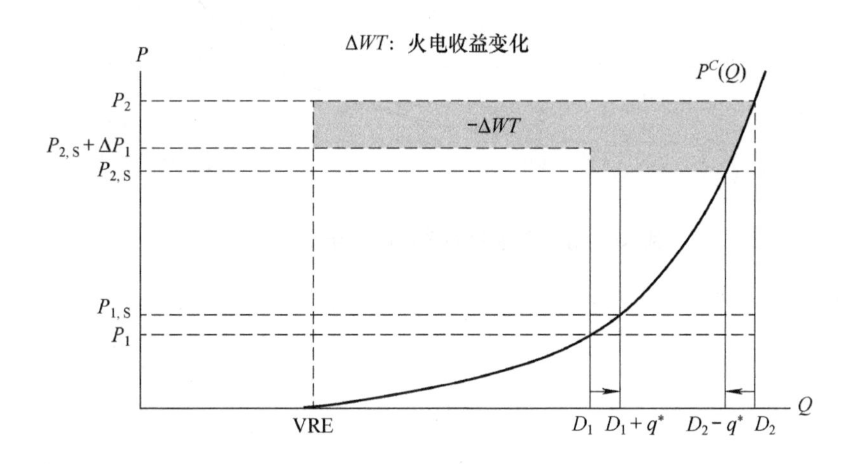

图 4-5　独立储能参与市场后传统能源发电商的收益变化

综上，独立储能参与完全竞争的电力市场时，新能源和传统能源发电商的收益将会减少，而电力用户将从中获益。

3. 市场效率分析

储能的加入使边际机组发电量在不同时段之间发生转移，在低谷时段增加的 q^* 单位发电量取代了高峰时段最后的 q^* 单位发电量。由于非边际机组的发电量不变且需求无弹性，全社会福利的变化为低谷时段新增 q^* 单位发电量与高峰时段最后 q^* 单位发电量的发电成本之差。边际成本 $P^C(Q)$ 随着 Q 的增加而增加，低谷时段新增 q^* 单位发电量的发电成本低于高峰时段最后 q^* 单位发电量的发电成本。因此，总发电成本减少、全社会福利增加（见图 4-6）。

然而，全社会福利并未增加到最优水平。当发电端实现了全时段发电资源的最优配置且负荷侧需求得到完全满足时，全时段价格均等，全社会福利达到最优水平（见图 4-7），但此时储能的收入为零。因此，全社会福利最优与储能最优决策存在不一致。

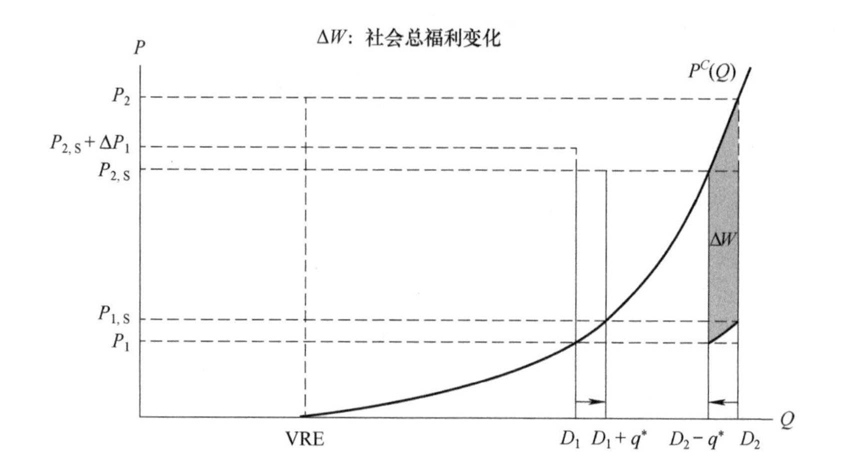

图 4-6 独立储能参与市场后全社会福利的变化

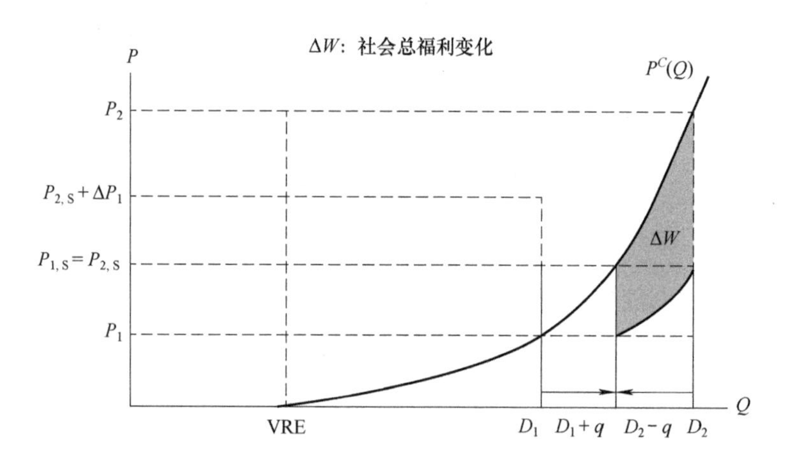

图 4-7 独立储能参与市场后全社会福利最优水平

4.2.2 拓展讨论

1. 拓展一：新能源发电的波动性

在基础模型中，假设新能源发电量为定值，储能参与市场产生的价格效应（即价差减小、平均价格下降）会使新能源发电商的收入减少。在现实情况中，新能源发电往往具有波动性。由于各类新能源具有不同的发电特性，因此储能参与市场对其产生的影响也不尽相同，如风力发电和光伏发电：

1）风力发电资源丰富的时段通常是电价相对较低的时段，风力发电量与电价呈现负相关性。此时，储能的充电需求会使负荷增加、电价升高，从而减少弃风量，提高风力发电商的收入。然而储能参与市场产生的价格效应会使风力发电商的收入减少，因此，需要通过比较收入增加和减少的大小才能得到风力发电商最终的收入变化情况。

2）光伏发电资源丰富的时段通常是电价相对较高的时段，光伏发电量与电价呈现正相关性。此时，储能的放电需求会使负荷减少、电价降低，导致光伏发电量下降，损害光伏发电商的收入。叠加储能参与市场产生的价格效应，光伏发电商的最终收入情况进一步恶化。

以南澳大利亚电力市场为例，基于澳大利亚国家电力市场（NEM）2016 年和 2017 年的数据，相关研究发现，在澳大利亚电力系统中引入电网规模的储能会减少新能源发电商的收入。在南澳大利亚电力市场中，风力发电量全天都相对稳定（见图 4-8），其产量与价格的相关性系数为-0.193。目前南澳大利亚电力系统中风力发电量占比为 35%左右，弃风情况并不严重，因此储能导致的平均价格下降效应仍占主导地位，大大损害了风力发电商的收入。若将风力发电量翻倍至占比 70%，将导致每年约 5 万 MW 的弃风量，储能的加入可以减少一部分弃风，提高风力发电商的收入。另一方面，光伏发电量与价格的相关性系数为 0.014，目前在系统中占比为 10%左右，储能导致的平均电价下降和光伏发电量下降都将损害光伏发电商的收入。若将光伏发电量翻倍至占比 20%，将导致每年约 500MW 的弃光量。由于弃光量太小，光伏产量翻倍并不会带来显著的

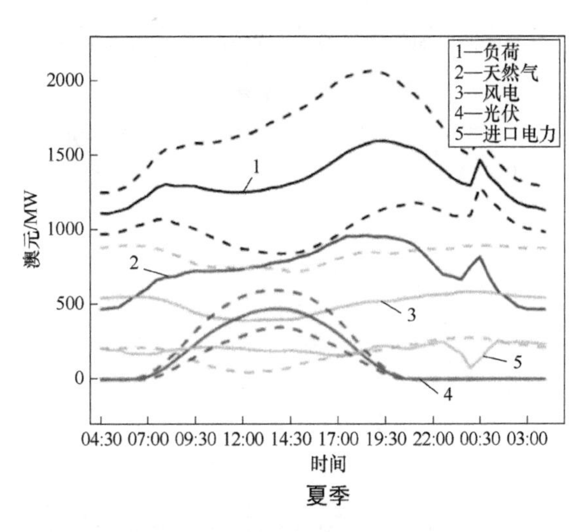

图 4-8　南澳大利亚电力市场每日供需情况（来源：Karaduman，2021）

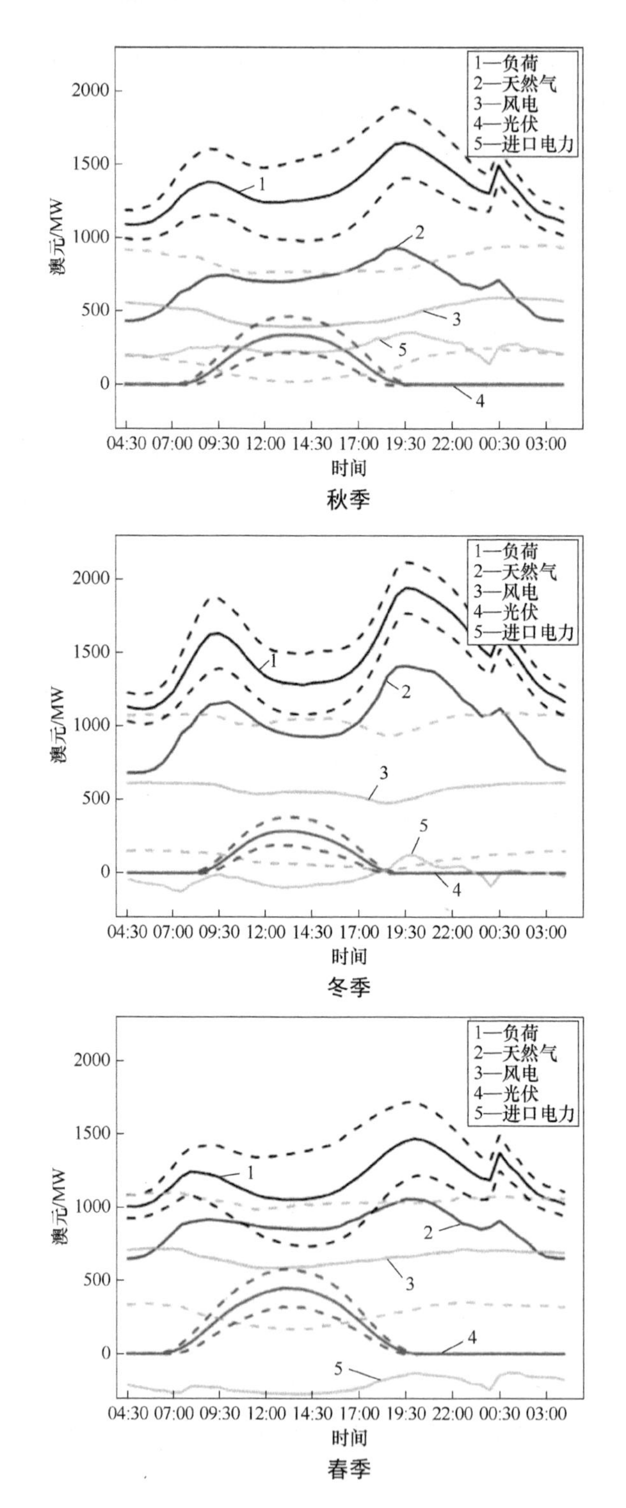

图 4-8　南澳大利亚电力市场每日供需情况（来源：Karaduman，2021）（续）

收益变化，储能的加入仍然会损害其收入。

人们通常认为新能源和储能是互相支持、互相促进的关系，新能源发电容量的增加是投资储能的主要动机之一。储能通过平滑波动性和间歇性、减少弃风弃光量来支持新能源发展。同时，更多的新能源参与市场使得跨期价差变大，增加了储能的套利机会。然而在现实情况中，储能导致的价格效应和新能源发电量变化都会影响到新能源发电商的收入，根据不同因素的影响程度大小，储能可能减少或增加新能源的收入。

2. 拓展二：不完全竞争市场

在以上模型中，我们基于完全竞争市场进行讨论，然而在大多数电力市场中，发电商具有一定的市场力，因此并不一定以其机组的边际成本进行报价。在此节中，假设发电商的报价将高于其边际成本，即对于任何发电量 Q，报价函数 $P^m(Q)$>边际成本 $P^C(Q)$，其中边际成本函数 $P^C(Q)$ 与基础模型中的一致，保持同样的优序排列。同时，还假设边际成本与报价之间的价差（价格加成）随着发电量的增加而增加，即$\frac{\partial P^m(Q)}{\partial Q}>\frac{\partial P^C(Q)}{\partial Q}$，$\forall Q$。

由于发电商的市场力扭曲了价格信号，不完全竞争市场中的价格都高于完全竞争市场中的价格，$P_1^m>P_1$ 且 $P_2^m>P_2$。此外，递增的价格加成使两个时段之间产生了更大的价格变化，$P_2^m-P_1^m>P_2-P_1$。价格波动越大，储能的套利空间也越大，因此在不完全竞争市场中，对于给定的储能充放电量 q，储能获得的利润更高（$\Pi^m>\Pi$），如图 4-9 所示。

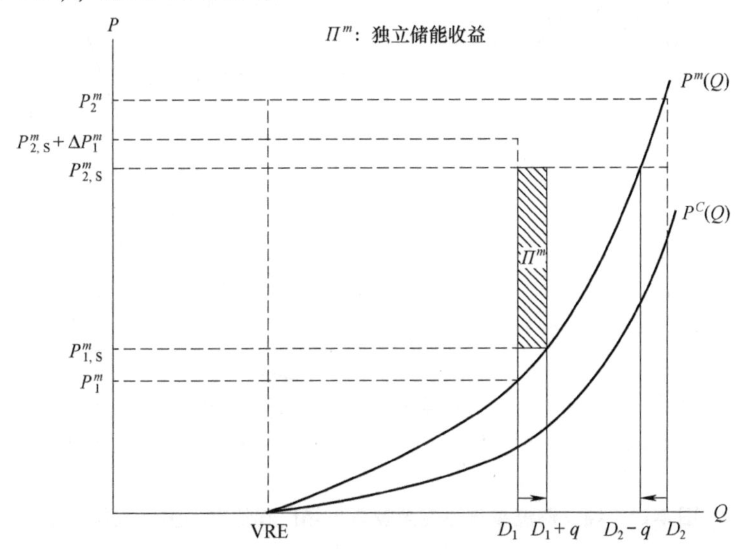

图 4-9　独立储能参与不完全竞争市场的收益

储能带来的价格效应对其他市场参与者的影响也变得更大。在不完全竞争市场中，边际成本函数 $P^m(Q)$ 变得更加陡峭，储能加入后的价格变化也变得更大。与完全竞争市场相比，不完全竞争市场中的峰谷价差进一步缩小、平均价格变得更低，因此电力用户、新能源和传统能源发电商的收益也有更大的变化（见图 4-10）：

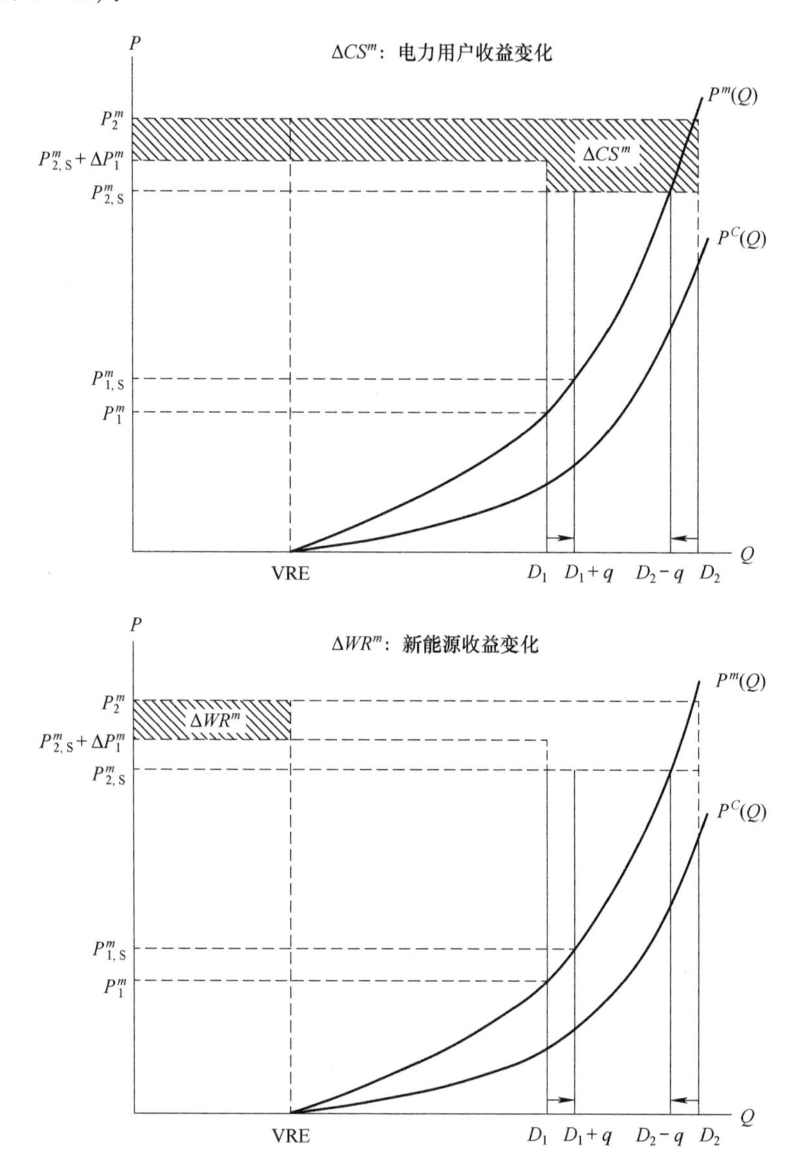

图 4-10　独立储能参与不完全竞争市场后其他市场主体收益变化

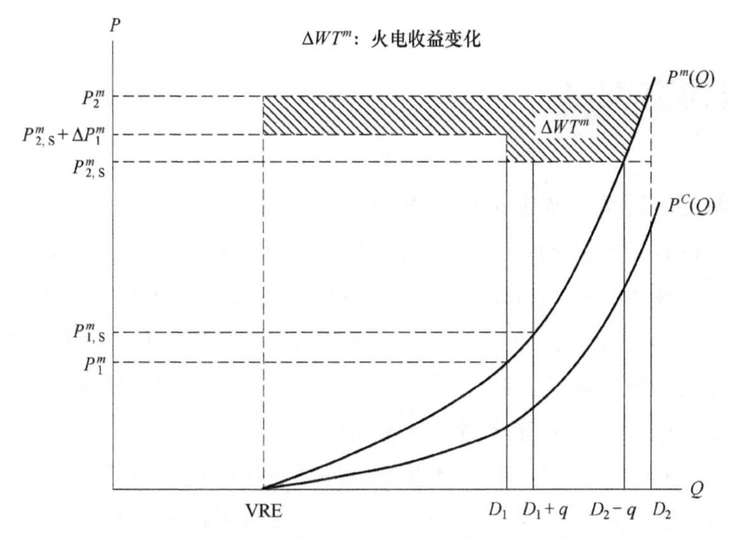

图 4-10　独立储能参与不完全竞争市场后其他市场主体收益变化（续）

1）电力用户收益变得更多，$\Delta CS^m > \Delta CS$。

2）新能源发电商损失更多，$\Delta WR^m > \Delta WR$。

3）传统能源发电商损失更多，$\Delta WT^m > \Delta WT$。

由于优序排列保持不变，不完全竞争市场中的全社会福利的变化情况与完全竞争市场中的相同，即 $\Delta W^m = \Delta W$。与完全竞争市场不同的是，全社会福利的变化和储能运营商的利润遵循不同的价格曲线，分别是边际成本函数 $P^C(Q)$ 和报价函数 $P^m(Q)$，进一步加剧了全社会福利最优与储能最优决策的不一致（见图 4-11）。

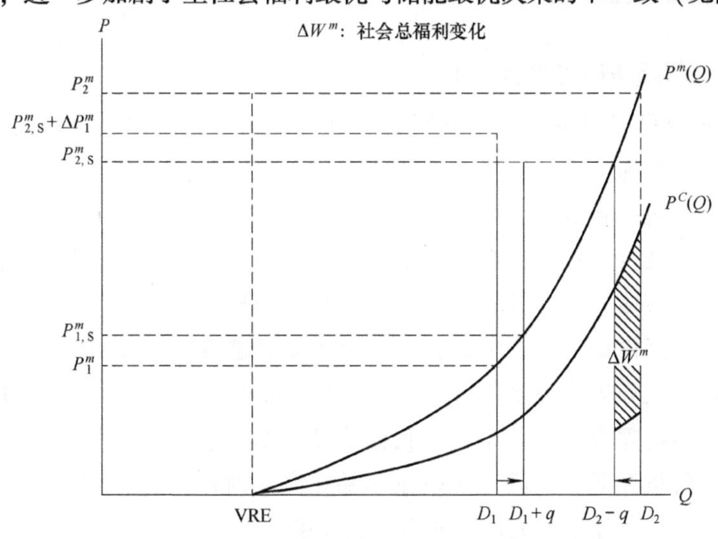

图 4-11　独立储能参与不完全竞争市场后的全社会福利变化

4.3 新能源配储

新能源的出现从根本上改变了电力系统，随着风力和光伏发电技术成本的大幅下降，在政策激励的帮助下，新能源渗透率持续增长。与此同时，储能也经历了快速的技术改进与发展，在电力系统中发挥着越来越重要的作用。储能与新能源之间具有很强的互补性，新能源配置储能可以实现平抑新能源波动、提升新能源消纳量、降低发电计划偏差、提升电网安全运行稳定性等多重作用。然而在实际应用中，新能源配储却普遍面临着运营成本高、使用效率低等问题，难以充分发挥其作用。据中电联《新能源配储能运行情况调研报告》，新能源配储等效利用系数为 6.1%，明显低于电化学储能项目平均等效利用系数（12.2%）。新能源和新型储能技术具有种类多、功能不一、技术成熟度和经济差异性大等特点，新能源配储不应只是简单的“1+1=2”，要使两者更加有效地配合并发挥出“1+1>2”的作用，我们应当加深对新能源配储商业模式底层逻辑的理解，从而更加科学地分析其经济性、完善其机制。

本节将基于经济学理论，在完全竞争市场的框架下，研究和讨论新能源配储参与电力市场后对各市场主体收益的影响，并对市场效率进行分析，提出相关政策建议。此外，本节还将对基础模型进行拓展，探讨不同类型新能源的配储要求。

4.3.1 基础模型

1. 新能源配储后的收益变化

前面部分我们讨论了独立储能参与电力市场对新能源发电商收入的影响。当储能运营商作为独立个体参与电力市场时，其只考虑自身收益最大化而做出充放电决策，包括新能源在内的其他类型发电商受到储能带来的价格效应影响从而导致收入减少。然而，在新能源配储这种模式下，新能源发电商和储能运营商成为一个整体，应当考虑其整体收益的最大化。

以一个两期模型为例。考虑到电力市场中新能源渗透率持续增长，且在用电低谷时段弃风弃光等现象普遍存在，假设模型中的新能源发电量 VRE 要大于低谷时段的用电需求 D_1。同时，假设储能设备无效率损失（即 $\gamma=1$）和运营成本。储能设备将在低谷时段充入电量 q 并在高峰时段将其全部放出。由于假设需求是无弹性的，储能的充放电相当于使需求产生相应的变化，即 D_1 增加了 q、

D_2 减少了 q。市场价格也随之发生了变化，储能的充电需求虽然增加了低谷时段的负荷，但由于此时供大于求且新能源发电边际成本为零，低谷时段电价 $P_{1,s}$ 仍为零，电价变化 $\Delta P_1=P_{1,s}-P_1=0$；另一方面，储能的放电需求降低了高峰时段的负荷，使高峰时段的电价降低为 $P_{2,s}$，电价变化 $\Delta P_2=P_{2,s}-P_2$。

对于新能源配储运营商而言，其总体可供应电量由 VRE 增加为 VRE+q。其储能部分在低谷时段的充电量为 q，成本为零；在高峰时段的放电量为 q，收益 Π 为（$P_{2,s}-P_{1,s}$）$\times q=P_{2,s}\times q$。其新能源部分在低谷时段的发电量由 D_1 提高到 D_1+q，由于价格为零，新增收益也为零。此外，储能的加入使高峰时段与低谷时段的价差减小、电价变得更加平滑，导致新能源部分的收益减少了 $\Delta WR=(P_2-P_{2,s})\times$ VRE。因此，新能源配储运营商的整体收益变化可表示为 $\Pi-\Delta WR=P_{2,s}\times q-(P_2-P_{2,s})\times$ VRE，如图 4-12 所示。与独立储能的情况相比，在新能源配储模式下，储能的利润一定程度上填补了新能源损失的收益。

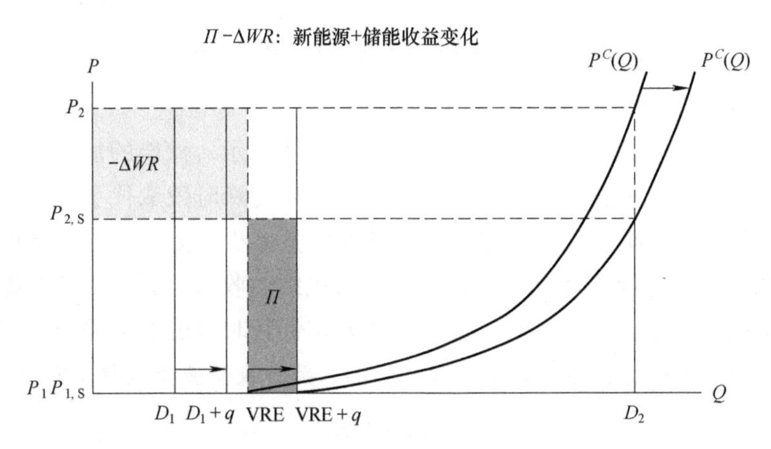

图 4-12　新能源配储参与完全竞争市场的收益变化

2. 其他市场主体收益变化

新能源配储运营商的决策将对市场中其他参与者所面对的电价和电量产生影响，从而导致各市场主体收益发生变化。

（1）电力用户

电力用户的收益将会增加，如图 4-13 所示。在低谷时段，由于新能源发电资源十分充足，储能的充电需求可以完全由边际成本为零的新能源发电来满足，低谷时段的电价保持为零，电力用户的用电支出保持不变。在高峰时段，储能进行放电，使价格下降，从而使电力用户的用电支出减少。因此，电力用户总用电成本减小、收益增加。

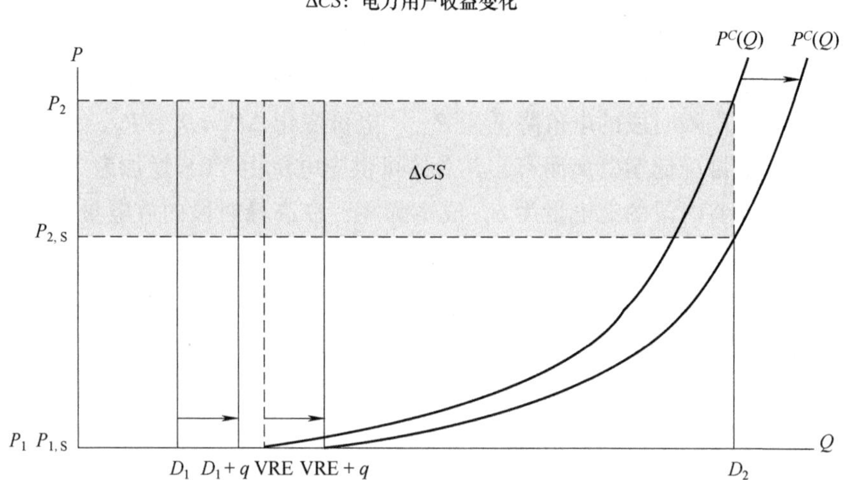

图 4-13 新能源配储参与市场后电力用户的收益变化

（2）传统能源发电商

传统能源发电商的收益将会减少，如图 4-14 所示。储能的加入从电价和生产量两个方面对传统能源机组产生影响。储能在高峰时段取代了部分传统发电机组，使传统发电机组的生产量下降，从而收益减少。另一方面，储能的价格效应导致的平均电价下降也会损害传统发电机组的收益。因此，传统能源发电商的收益减少。相比于独立储能模式下储能在低谷时段的充电需求提高了部分传统能源机组的收益，新能源配储模式下的这部分收益被新能源发电机组获得。

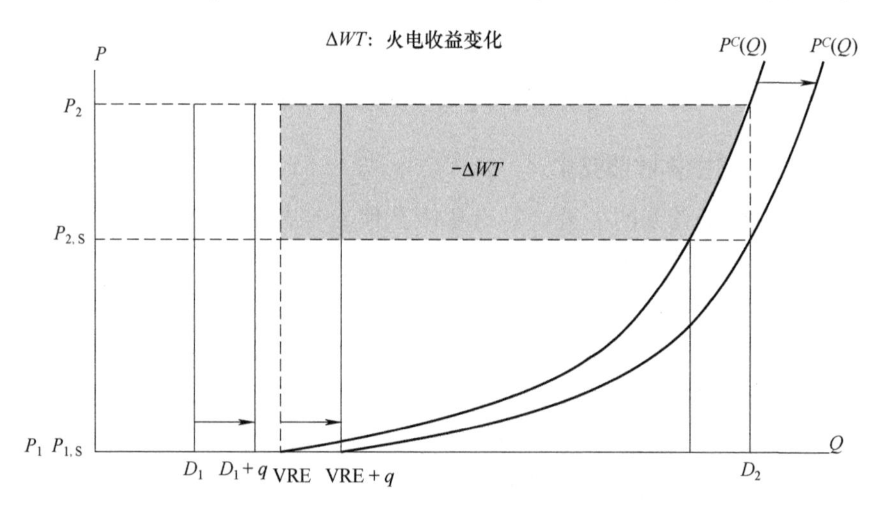

图 4-14 新能源配储参与市场后传统能源发电商的收益变化

综上，以新能源配储的方式参与完全竞争的电力市场时，传统能源发电商的收益将会减少，而电力用户将从中获益。

3. 市场效率分析

储能的加入使发电量在不同时段之间发生转移，低谷时段增加的 q 单位发电量取代了高峰时段最后的 q 单位发电量。更多便宜的新能源发电机组得到使用，并取代了原本所需的昂贵传统发电机组。这不仅提高了新能源的消纳水平，还降低了全社会的用电成本。因此，对于全社会来说，总福利增加（见图 4-15）。

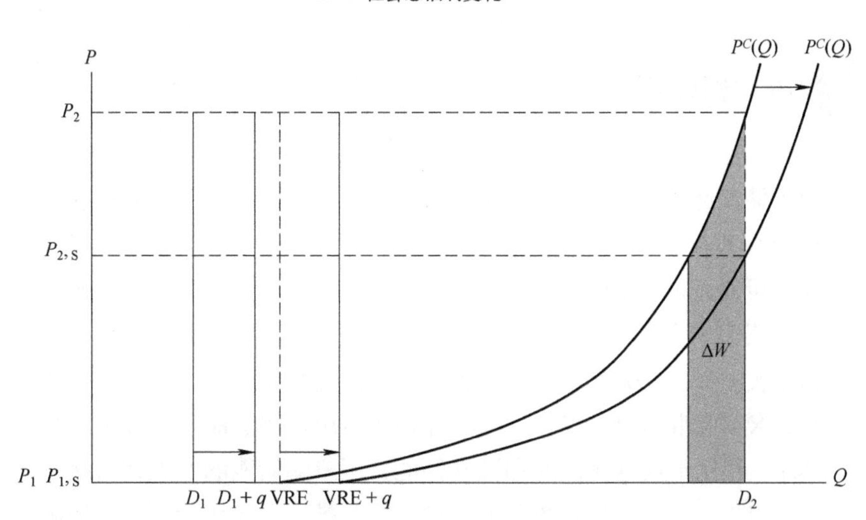

图 4-15　新能源配储参与市场后全社会福利的变化

4.3.2　拓展讨论：不同新能源类型的配储要求

不同新能源类型具有不同的发电特性，因此不同类型的新能源配储对储能的利用、新能源消纳等问题的解决具有明显的差异性，同质化的配储要求可能缺乏科学性。

以风力发电和光伏发电为例，风电配储的难度通常比光伏配储更大。根据 IHS Markit 的研究，在 2021—2030 年期间，全球 8 个主要国家的风电和光伏配储项目累计装机容量预计将达到 560GW，每个国家计划中的光伏配储项目都比风电配储项目要多。例如，在中国计划新增的新能源装机中，24%是光伏配储项目，而只有 10%是风电配储项目。在美国，风电配储只占计划新能源装机量的 4%，而光伏配储占 67%。尽管风电配储和光伏配储有着类似的好处，但到目前为止，对风电配储项目的部署要明显少于光伏配储项目。造成这一现象的原因之一是光伏和风能随机性、间歇性和波动性水平的差异。风力发电的输出具有更大的可变性，不像光伏发电那样遵循可预测的模式。太阳每天都在升起和落下，而风电场可能面临难以预测的连续数天大风或无风的天气情况。考虑到风电场可能面临较长的低产量或高产量时期，以及风电资源更充足的时段通常是用电低谷时段，风电场需要储存和转移的电能量水平也更高。因此，要更好地发挥出风电配储的价值，需要配置时长更长的储能，这意味着风电配储对储能系统的要求更高，对储能成本的要求也更苛刻。

4.4 用户侧储能

用户侧储能部署于商业、工业或住宅用户的电表后，不受配电系统运营商的直接控制，其具备建设周期短、选址简单灵活、调节能力强等特点和优势。用户侧储能可通过峰谷价差套利、需量电费管理、动态增容、需求响应以及提高新能源自用率5个应用场景获益。目前，峰谷价差套利是我国用户侧储能最主要的盈利方式，需量电费管理和动态增容的经济性都局限于特定场景和用户。随着竞争性需求响应市场的发展，需求响应将成为用户侧储能收益快速增长的潜在来源。然而，相比于发电侧储能和独立储能，用户侧储能的发展相对缓慢。储能项目的成本和收益，作为投资盈利的关键，对其推广和应用起到很大影响。用户侧储能项目的需求比较分散，且每个项目的功率、容量以及运行方式都需要依据当地电价政策、需求单位的用电习惯等因素进行定制，常规的大型储能系统无法完全适用，因此，项目设计方案难以进行大规模的复制，增加了市场推广难度。

本节将基于经济学理论，在完全竞争市场的框架下，研究和讨论用户侧储能参与电力市场后对各市场主体收益的影响，并对市场效率进行分析，提出相关政策建议。此外，本节还将对基础模型进行拓展，探讨用户的配储选择和需求响应问题。

4.4.1 基础模型

1. 用户侧配储后的收益变化

上两节中，我们讨论了独立储能和新能源配储模式下各市场主体的收益变化情况。当储能运营商作为独立个体参与电力市场时，其只考虑自身收益最大化而做出充放电决策。在新能源配储模式下，考虑的是新能源和储能整体收益的最大化。这两种模式下的储能都为电力用户带来了正面的效益，随着平均电价的下降，用户侧的用电成本减少、收益增加。本章所讨论的用户侧配储模式也不例外，储能的加入为用户带来收益，收益的大小由所配储能容量大小决定。

以一个两期模型为例。假设需求是无弹性的，电力用户使用储能进行充放电以实现其用电需求在时间上的转移。假设储能设备无效率损失（即 $\gamma=1$）和运营成本，储能设备将在低谷时段充入电量 q 并在高峰时段将其全部放出，即低谷时段的用电量 D_1 增加了 q、高峰时段的用电量 D_2 减少了 q。市场价格也随之发生了变化，储能增加了低谷时段的电力需求，使低谷时段的电价提高到 $P_{1,S}$；相反地，储能降低了高峰时段的电力需求，使高峰时段的电价降低为 $P_{2,S}$。这使得高峰时段与低谷时段的价差减小，电价变得更加平滑。

对于配有储能设备的电力用户而言，其不但可以享受到平均电价下降导致的更低用电成本，同时还可以得到储能通过价差获取的利润。低谷时段储能的充电量 q 将电价由 P_1 提高到 $P_{1,S}$，电力用户在低谷时段的用电成本随之增加了 $(P_{1,S}-P_1)\times D_1$。高峰时段储能的放电量 q 将电价由 P_2 降低为 $P_{2,S}$，电力用户在高峰时段的用电成本随之减少了 $(P_2-P_{2,S})\times D_2$。由于总边际成本函数 $P^C(Q)$ 的凸性，高峰时段电价下降的程度要大于低谷时段电价升高的程度，因此电力用户的用电成本总体减少了 $\Delta CS=(P_2-P_{2,S})\times D_2-(P_{1,S}-P_1)\times D_1$。另一方面，储能通过价差进行套利，其利润为 $\Pi=(P_{2,S}-P_{1,S})\times q$。因此，用户侧配储的总体收益变化情况为 $\Delta CS+\Pi$，如图 4-16 所示。

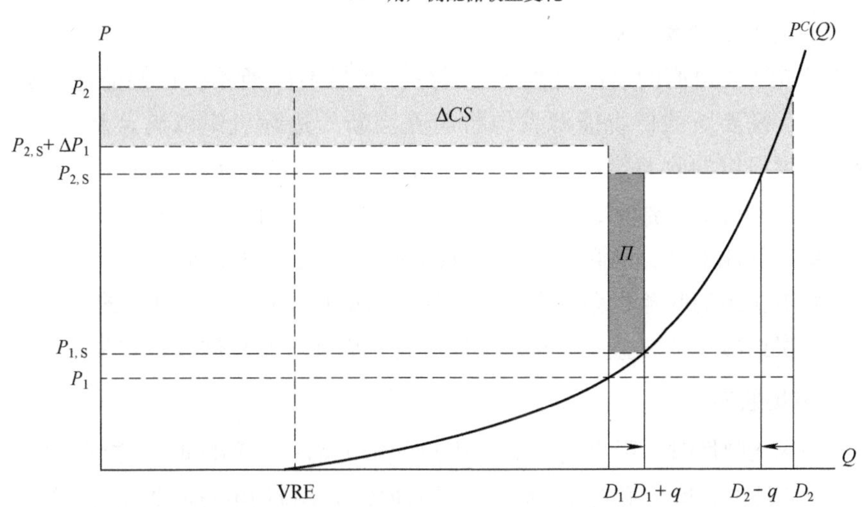

图 4-16　用户侧配储参与完全竞争市场的收益变化

2. 其他市场主体收益变化

用户侧配储的充放电决策将对市场中其他参与者所面对的电价和电量产生影响，从而导致各市场主体收益发生变化。

（1）新能源发电商

新能源发电商的收益将会减少，如图 4-17 所示。储能的充放电量 q 使低谷时段的电价升高而使高峰时段的电价降低。假设新能源发电量为定值，虽然新能源发电商在低谷时段的收入随着电价的升高而有所提升，但由于总边际成本函数 $P^C(Q)$ 的凸性，其在高峰时段由于电价降低而减少的收入要更多。因此，从总体上看，新能源发电商的收益减少。

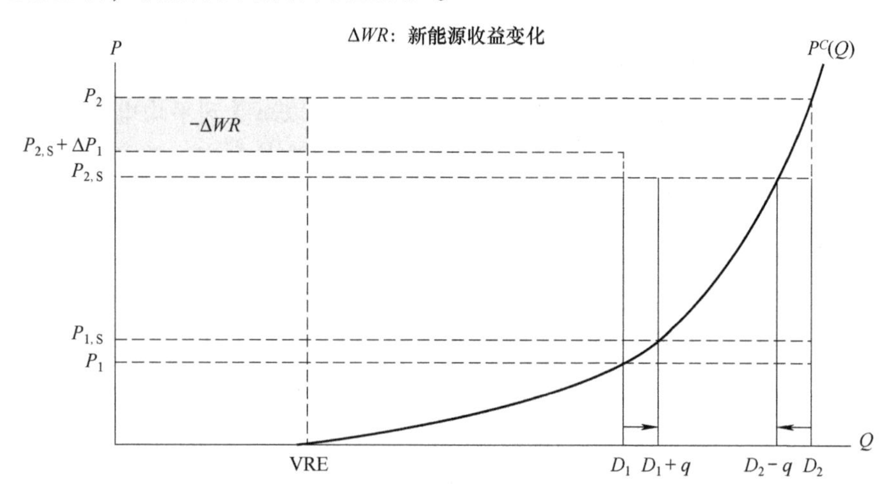

图 4-17 用户侧配储参与市场后新能源发电商的收益变化

（2）传统能源发电商

传统能源发电商的总体收益将会减少，如图 4-18 所示。在储能进行充电的低谷时段，需要新的传统能源发电机组充当新的边际机组以满足新增的负荷，这部分新增机组的收益增加，同时由于价格升高，非边际的传统能源发电机组收益也会得到提高。然而，在储能进行放电的高峰时段，原来高峰时段的边际传统机组被储能取代，这部分机组的收益减少，同时由于价格下降，非边际传统能源发电机组的收益也会减少。但由于总边际成本函数 $P^C(Q)$ 的凸性，传统能源发电机组减少的收益要大于增加的收益，因此，其总体收益减少。

3. 市场效率分析

当需求无弹性时，用户侧配储使用户的电力消费在不同时段之间发生转移，高峰时段最后的 q 单位用电量被低谷时段增加的 q 单位用电量所取代。全社会福利的变化为低谷时段新增的用电量与高峰时段减少的用电量之间的成本之差。由于边际成本函数 $P^C(Q)$ 随着电量 Q 的增加而增加，低谷时段新增的用电成本低于高峰时段减少的用电成本。因此，总用电成本减少、全社会福利增加（见图 4-19）。

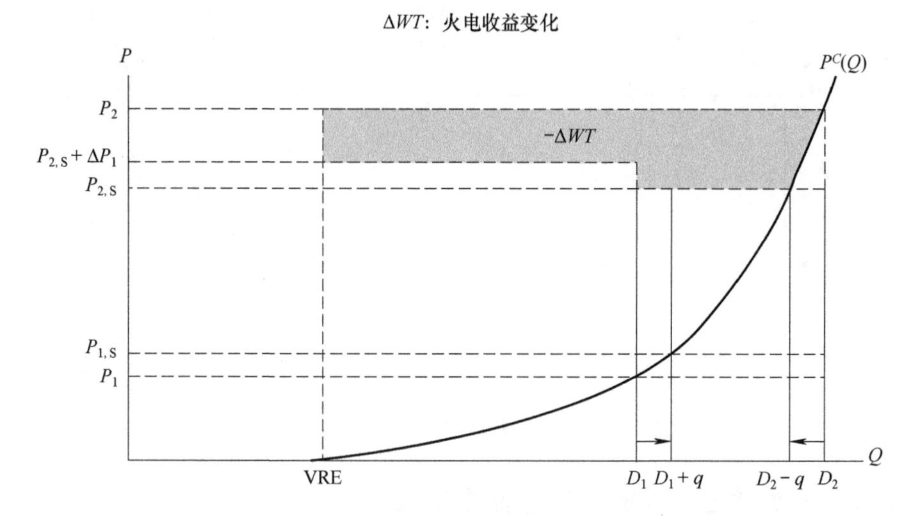

图 4-18　用户侧配储参与市场后传统能源发电商的收益变化

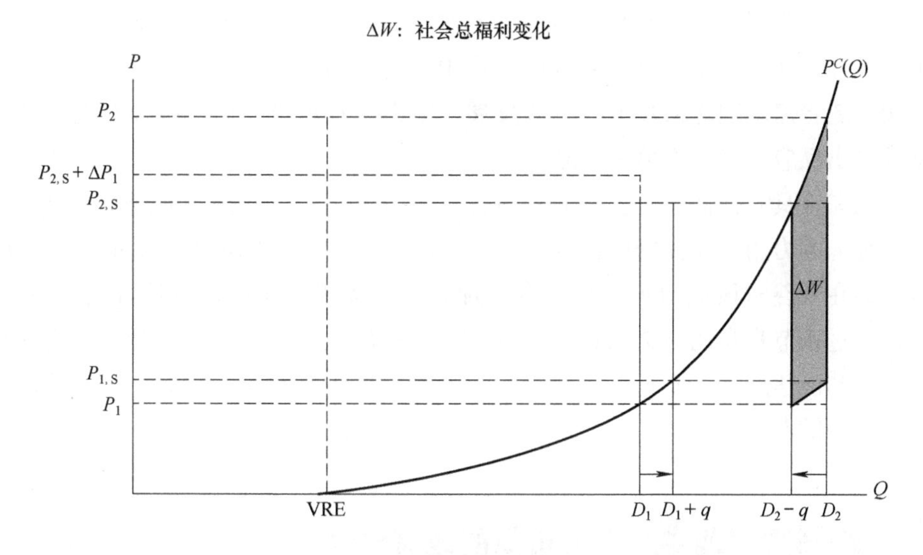

图 4-19　用户侧配储参与市场后全社会福利的变化

全社会福利变化的大小取决于储能充放电量 q 的大小，当负荷的波动完全被烫平时（即 $D_1+q=D_2-q$），全时段价格均等，全社会福利达到最优水平（见图 4-20）。

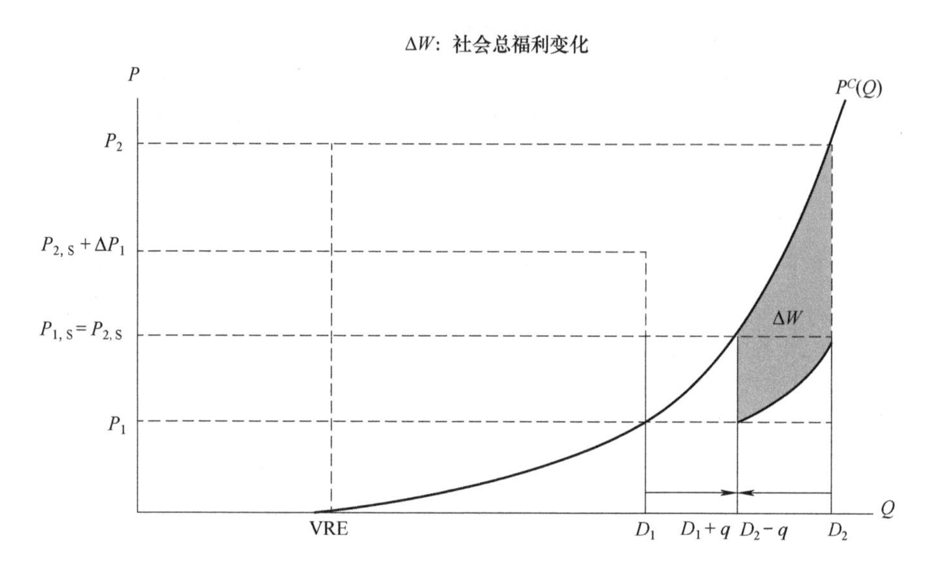

图 4-20　用户侧配储参与市场后全社会福利最优水平

4.4.2　拓展讨论：配储选择与需求响应

在基础模型中，我们假设需求是无弹性的，用户通过配储实现需求在时间上的转移。在构建新型电力系统的过程中，需求响应管理发挥着越来越重要的作用，随着需求响应市场的进一步发展，电力用户也将开始直接面对电价的波动并做出反应，需求不再是无弹性的。

当需求具有弹性时，价格的升高会导致需求减少，而价格的降低会导致需求增加。电力用户在高峰时段面对高电价时会减少其用电需求，从而使电价降低；而在低谷时段面对低电价时会增加其用电需求，从而使电价升高。因此，用户通过调节自身用电需求也能实现平滑电价的效果。当改变自身用电需求和选择配储能达到相同目的时，用户将在两者之间进行权衡，此时，配储的成本将成为关键考虑因素。

4.5　新型储能参与电力市场的政策建议

以上，我们从经济学角度对新型储能参与电力市场的不同商业模式进行了深入分析。在独立储能模式下，储能的自主充放电决策会对市场价格产生影响，其有动机且有能力通过持留来改变市场均衡价格，从而保持峰谷价差，此时全社会福利无法达到最优水平。同样地，对于新能源配储模式，储能的最优参与策略必定考虑到联合体的整体利益。当出现尖峰价格时，储能既要考虑到“削峰”利润，也要考虑到其关联电源的发电利益，最终会对其电量进行持留，无法达到最优的“削峰”效果。除此以外，在新能源配储模式下，储能的消纳能力受限于其所关联的新能源电源，储能资源无法实现全社会的有效整合和调配。而对于用户侧配储模式，如何激励电力用户进行配储、增强电力用户自主调节能力，是提升全社会福利的关键所在。因此，要实现利用新型储能提高电力系统和区域能源系统效率的目标，需要进一步完善相关政策。

1）对于独立储能模式，一方面，政府可以通过产业政策降低独立储能的前期投入成本，使更多储能企业参与现货市场竞争，从而降低峰谷差；另一方面，政府也可以通过增加独立储能的充放电收益来减少其持留动机。

2）对于新能源配储模式，政府可以通过大力发展共享储能商业模式，实现储能资源的全社会调配，从而最大程度实现储能烫平峰谷的作用。在《“十四五”新型储能发展实施方案》中已经提到：“探索推广共享储能模式，鼓励新能源电站以自建、租用或购买等形式配置储能。”通过共享建设、共享租赁、共享功能，可以实现多方共赢：在电源侧减少弃风弃光辅助调峰增加发电量，在电网侧减少管理成本提高新能源消纳，同时增加储能运营商的利润。

3）对于用户侧配储模式，一方面，政府可以通过对储能设备的安装成本进行补贴，增加用户侧的自主调节能力；另一方面，政府也可以通过推行分时电价，拉大峰谷差，加强用户的配储意愿。

参考文献

[1] Energy Global. Leah Jones (2022): “Renewables and storage are better together” [R/OL]. [2022-09-26]. https: //www. energyglobal. com/special-reports/ 26092022/ renewables-and-storage- are-better-together/.

[2] BUSHNELL J. A Mixed Complementarity Model of Hydro-Thermal Electricity Competition in the Western U. S. Operations Research, 2003, 51 (01), 81-93.

[3] ANDRES D, FABRA N. Storing Power: Market Structure Matters [D]. Cambridge: University of Cambridge, 2020.

[4] GARCIA A, REITZES J D, STACCHETTI E. Strategic Pricing when Electricity is Storable [J]. Journal of Regulatory Economics, 2001, 20 (03), 223-247.

[5] BORESNTEIN S. Charging with the Sun, Blog Energy at Haas Karaduman, Ö. , 2021. Economics of Grid-Scale Energy Storage in Wholesale Electricity Markets 1-55 [R]. 2019.

[6] MOITA R, MONTE D. The limits in the adoption of batteries [J]. Energy Econ omics, 2022

(107): 105776.
[7] SCHMALENSEE R. Competitive Energy Storage and the Duck Curve [J]. The Energy Journal, 2022, 43 (02) .
[8] 李明, 郑云平, 亚夏尔·吐尔洪, 等. 新型储能政策分析与建议 [J]. 储能科学与技术, 2023, 12 (06): 2022-2031.

附录

附录 A 2021—2023 年国家重要新型储能政策要点汇总

发布时间	部　　门	政策名称	重点内容
2021 年 2 月	国家发展改革委、国家能源局	关于推进电力源网荷储一体化和多能互补发展的指导意见	探索构建源网荷储高度融合的新型电力系统发展路径，同时推进多能互补，提升可再生消纳水平
2021 年 7 月	国家发展改革委	关于进一步完善分时电价机制的通知	合理拉大峰谷电价价差，扩大机制执行范围，引导用户削峰填谷、改善电力供需状况、促进新能源消纳
2021 年 7 月	国家发展改革委、国家能源局	关于加快推动新型储能发展的指导意见	坚持储能技术多元化，推动锂离子电池等相对成熟新型储能技术成本持续下降和商业化规模应用
2021 年 12 月	国家发展改革委	电力系统辅助服务管理办法	将新型储能纳入提供辅助服务的主体范围，提出“谁提供，谁获利；谁受益，谁分担”的原则
2022 年 3 月	国家发展改革委、国家能源局	“十四五”新型储能发展实施方案	到 2025 年，新型储能由商业化初期步入规模化发展阶段，装机规模达 30GW 以上。到 2030 年，新型储能全面市场化发展，新型储能装机规模基本满足构建新型电力系统需求

（续）

发布时间	部门	政策名称	重点内容
2022年4月	国家发展改革委	完善储能成本补偿机制，助力构建以新能源为主体的新型电力系统	完善储能成本补偿顶层设计，提出开展储能在新型电力系统中应用场景及成本补偿机制研究，以保障新型电力系统安全稳定运行
2022年5月	国家发展改革委、国家能源局等	“十四五”可再生能源发展规划	明确新型储能独立市场主体地位，推动新型储能规模化、产业化、市场化发展，促进其在电源侧、电网侧和用户侧多场景应用
2022年6月	国家发展改革委、国家能源局等	关于进一步推动新型储能参与电力市场和调度运用的通知	进一步明确新型储能市场定位，建立完善相关市场机制、价格机制和运行机制，鼓励配建新型储能作为独立储能与所属电源联合参与电力市场
2022年10月	国家能源局	能源碳达峰碳中和标准化提升行动计划	加快完善新型储能技术标准，抓紧建立新型储能标准管理体系，加快推动安全强制性国家标准制定
2022年11月	国家发展改革委	关于进一步完善政策环境加大力度支持民间投资发展的意见	鼓励民营企业加大太阳能发电、风电、生物质发电、储能等节能降碳领域投资力度
2023年1月	国家能源局	2023年能源监管工作要点	在电力市场机制方面：加快推进辅助服务市场建设，建立电力辅助服务市场专项工作机制，研究制定电力辅助服务价格办法，建立健全用户参与的辅助服务分担共享机制，推动调频、备用等品种市场化，不断引导虚拟电厂、新型储能等新型主体参与系统调节。在稳定系统安全稳定运行方面：探索推进“源网荷储”协同共治
2023年4月	国家能源局	2023年能源工作指导意见	加快攻关新型储能关键技术和绿氢制储运用技术，推动储能、氢能规模化应用；推动新型储能进入电力市场，出台储能并网、调度、辅助服务等相关管理办法
2023年6月	国家能源局	新型电力系统发展蓝皮书	将“加强储能规模化布局应用体系建设”列入总体新型电力系统发展重点任务
2023年9月	国家发展改革委等多部门	电力需求侧管理办法（2023年版）、电力负荷管理办法（2023年版）	支持各类电力需求侧管理服务机构整合优化可调节负荷、分布式电源、新型储能等需求侧资源，以负荷聚合商或虚拟电厂等形式参与需求响应

（续）

发布时间	部门	政策名称	重点内容
2023年9月	国家发展改革委、国家能源局	电力现货市场基本规则（试行）	推动储能、分布式发电、负荷聚合商、虚拟电厂和新能源微电网等新兴市场主体参与交易
2023年10月	国家发展改革委、国家能源局	关于进一步加快电力现货市场建设工作的通知	鼓励新型主体参与电力市场。通过市场化方式形成分时价格信号，推动储能、虚拟电厂、负荷聚合商等新型主体在削峰填谷、优化电能质量等方面发挥积极作用，探索“新能源+储能”等新方式。持续完善新型主体调度运行机制，充分发挥其调节能力，更好地适应新型电力系统需求
2023年11月	国家能源局	关于促进新型储能并网和调度运用的通知（征求意见稿）	明确以市场化方式促进新型储能调用，通过合理扩大现货市场限价区间、建立容量补偿机制等市场化手段，促进新型储能电站“一体多用、分时复用”，进一步丰富新型储能电站的市场化商业模式

附录B　我国部分省份新型储能发展政策要点汇总

地　区	发布时间	政策名称	政策要点
河北	2022年4月	河北省“十四五”新型储能发展规划	在电源、电网、用户等环节广泛应用新型储能，增强源网荷储配套能力和安全监管能力，推动“新能源+储能”深度融合。到2025年，全省布局建设新型储能规模400万千瓦以上
广东	2023年4月	广东省新型储能参与电力市场交易实施方案	建立健全新型储能参与电力市场机制，加快推动新型储能参与电力市场交易，逐步建立涵盖中长期、现货和辅助服务市场的新型储能交易体系，逐步完善广东省新型储能商业运营模式，建立新型储能价格市场形成机制
	2023年3月	广东省推动新型储能产业高质量发展的指导意见	到2025年，全省新型储能产业营业收入达到6000亿元，年均增长50%以上，装机规模达到300万千瓦。到2027年，全省新型储能产业营业收入达到1万亿元，装机规模达到400万千瓦。优化新型储能产业发展政策环境，在完善新型储能电力市场体系和价格机制方面，提出建立健全新型储能参与电能量和辅助服务市场交易机制、动态调整峰谷电价等措施
	2023年4月	关于加快推动新型储能产品高质量发展的若干措施	明确新型储能产业链各环节主要发展方向，强化现有优势，培育新兴产业，布局未来方向
	2022年4月	广东省能源发展“十四五”规划	到2025年，建设发电侧、变电侧、用户侧及独立调频储能项目200万千瓦以上
江苏	2023年3月	关于推动战略性新兴产业融合集群发展实施方案的通知	推动新型储能技术成本持续下降和规模化应用，加快压缩空气、液流电池等长时储能技术商业化进程
	2022年8月	江苏省“十四五”新型储能发展实施方案	规划装机规模260万千瓦，重点发展电源侧新型储能

（续）

地　区	发布时间	政策名称	政策要点
浙江	2022年8月	关于支持碳达峰碳中和工作的实施意见	鼓励有条件地区因地制宜发展电化学储能等新型储能发展，加快形成以储能和调峰能力为基础支撑的电力发展机制
	2022年5月	浙江省“十四五”新型储能发展规划	明确“十四五”期间浙江全省建成新型储能装机300万千瓦左右
内蒙古	2022年12月	关于印发自治区支持新型储能发展若干政策（2022—2025年）的通知	统筹新型储能发展各项工作，加快开展新型储能试点示范项目建设，推动全区新型储能市场化、产业化、规模化发展
	2022年11月	内蒙古自治区碳达峰实施方案	建成新型储能装机超500万千瓦，新能源装机在2025年将超过火电
上海	2022年8月	上海市能源电力领域碳达峰实施方案	发挥储能调峰调频、应急备用、容量支撑等多元功能，鼓励储能为新能源和电力用户提供各类调节服务，有序推动储能和新能源协同发展
北京	2022年8月	北京市“十四五”时期能源发展规划	推动新型储能项目建设，到2025年，本市形成千万千瓦级的应急备用和调峰能力。侧重技术创新及产业链发展
	2022年10月	北京市碳达峰实施方案	新型储能装机容量达到70万千瓦，侧重技术创新及产业链发展
湖南	2022年11月	湖南省碳达峰实施方案	积极发展“新能源+储能”模式，促进能源集约利用，解决弃水、弃风、弃光问题。支持分布式新能源合理配置储能系统，加快新型储能示范推广应用，加强储能电站安全管理。到2025年，新型储能实现规模化应用
	2022年10月	湖南省电力支撑能力提升行动方案（2022—2025年）	建成新型储能装机200万千瓦，优先在新能源消纳困难地区建设集中式共享储能项目
湖北	2022年5月	湖北省能源发展“十四五”规划	推动储能技术应用，建设一批集中式储能电站，引导电源侧、电网侧和用户侧储能建设，鼓励社会资本投资储能设施

（续）

地　区	发布时间	政策名称	政策要点
湖北	2021年4月	湖北省第十四个五年规划和二〇三五年远景目标纲要	加强储能技术装备等研发与应用，实施一批风光水火储一体化、源网荷储一体化示范项目
江苏	2022年8月	江苏省“十四五”新型储能发展实施方案	到2025年，新型储能由商业化初期步入规模化发展阶段，具备大规模商业化应用条件。全省新型储能规模达到260万千瓦左右，重点发展电源侧新型储能
福建	2022年8月	福建省推进绿色经济发展行动计划（2022—2025年）	有序推进新型储能设施发展，到2025年新型储能装机容量达到60万千瓦以上。完善动力电池和储能产业基地布局
山东	2021年4月	关于开展储能示范应用的实施意见	新增集中式风电、光伏发电项目，原则上按照不低于10%比例配建或租赁储能设施，连续充电时间不低于2小时。支持各类市场主体投资建设运营共享储能设施，鼓励风电、光伏发电项目优先租赁共享储能设施，租赁容量视同其配建储能容量。明确了示范项目参与调峰、调频辅助服务的相关条件和补偿标准
	2022年8月	关于促进我省新型储能示范项目健康发展的若干措施	依托现货市场，推动新型储能市场化发展；包括4项措施：一是支持示范项目作为独立储能参与电力现货市场，获得电能量收益；二是允许示范项目容量在全省范围内租赁使用，获得容量租赁收益；三是对参与电力现货市场的示范项目按2倍标准给予容量补偿，获得容量补偿收益；四是支持参与调频、爬坡、黑启动等辅助服务，获得辅助服务收益。给予优惠电价政策，促进储能多元化发展。优化调度运行机制，促进新型储能经济合理运行。建立配置容量考核机制，督促规范配置储能设施
	2022年12月	山东省新型储能工程发展行动方案	新型储能装机容量达到600万千瓦以上，以“储能+海上光伏”、海岛源网荷储清洁供电等为重点

（续）

地　区	发布时间	政策名称	政策要点
山东	2023年7月	关于支持长时储能试点应用的若干措施	确定长时储能试点项目市场主体地位，支持盐穴储能参与电力现货市场，进行电能量交易，在新能源大发、电价低谷时段充电，在电力紧张、电价较高时段放电，获取现货峰谷价差收益。提出试点项目购电、售电方式及价格机制。给予长时储能试点项目输配电价优惠，作为独立储能向电网送电的，其相应充电电量（含损耗部分）不承担输配电价和政府性基金及附加。盐穴储能为电力系统提供更大的调峰能力，其补偿费用暂按其月度可用容量补偿标准的2倍执行 提升容量租赁比例。鼓励新能源企业优先租赁长时储能试点项目，按其租赁功率的1.2倍折算新能源项目配储容量
	2023年8月	关于开展我省配建储能转为独立储能试点工作的通知	支持符合相关条件的配建储能可自愿转为独立方式运行，并作为市场主体参与电力市场交易，主动参与电网调峰，享受更多优惠政策
四川	2022年12月	四川省电源电网发展规划（2022—2025年）	新型储能装机容量达到200万千瓦以上，在电网末端及偏远地区建设电网侧储能电站
山西	2022年11月	山西省“十四五”新型储能发展实施方案	新型储能装机容量达到600万千瓦，重点打造钠离子电池产业体系
江西	2022年7月	江西省碳达峰实施方案	新型储能装机容量达到100万千瓦，要求省级电网削峰能力达到尖峰负荷的5%左右
辽宁	2022年7月	辽宁省“十四五”能源发展规划	新型储能装机容量达到100万千瓦，要求省级电网削峰能力达到尖峰负荷的5%左右
安徽	2022年8月	安徽省新型储能发展规划（2022—2025年）	新型储能装机容量达到300万千瓦以上，主要应用形式为集中式储能电站
河南	2022年8月	河南省“十四五”新型储能实施方案	新型储能装机容量达到220万千瓦，共享储能电站原则上不低于10万千瓦时，容量租赁200元/（kWh·年）
青海	2022年12月	关于印发青海省碳达峰实施方案的通知	新型储能装机容量达到600万千瓦，提升多能互补储能调峰能力

（续）

地　区	发布时间	政策名称	政策要点
天津	2022 年 8 月	天津市碳达峰实施方案	新型储能装机容量达到 500 万千瓦以上，积极发展“可再生能源+储能“、源网荷储一体化和多能互补
广西	2022 年 9 月	广西能源发展“十四五”规划	新型储能装机容量达 200 万千瓦以上，积极发展电源侧新型储能，优化布局电网侧储能
吉林	2022 年 12 月	吉林省新能源产业高质量发展战略规划（2022—2030 年）	新型储能装机容量达到 225 万千瓦以上，新建新能源电站配建储能规模不低于发电装机容量的 15%
宁夏	2022 年 12 月	宁夏回族自治区可再生能源发展“十四五”规划	新型储能装机容量达到 500 万千瓦，充分发挥调峰、调频和备用等多类效益，培育风光+氢储能一体化应用模式
贵州	2023 年 1 月	贵州省能源领域碳达峰实施方案	新型储能装机容量达到 100 万千瓦，保障新能源消纳和电力安全稳定运行

附录 C 国内新型储能参与电力市场探索代表性政策

C.1 关于推进电力源网荷储一体化和多能互补发展的指导意见（节选）

关于推进电力源网荷储一体化和多能互补发展的指导意见

国家发展改革委
国家能源局

发改能源规〔2021〕280号

三、推进源网荷储一体化，提升保障能力和利用效率

（一）区域（省）级源网荷储一体化。依托区域（省）级电力辅助服务、中长期和现货市场等体系建设，公平无歧视引入电源侧、负荷侧、独立电储能等市场主体，全面放开市场化交易，通过价格信号引导各类市场主体灵活调节、多向互动，推动建立市场化交易用户参与承担辅助服务的市场交易机制，培育用户负荷管理能力，提高用户侧调峰积极性。依托5G等现代信息通讯及智能化技术，加强全网统一调度，研究建立源网荷储灵活高效互动的电力运行与市场体系，充分发挥区域电网的调节作用，落实电源、电力用户、储能、虚拟电厂参与市场机制。

（二）市（县）级源网荷储一体化。在重点城市开展源网荷储一体化坚强局部电网建设，梳理城市重要负荷，研究局部电网结构加强方案，提出保障电源以及自备应急电源配置方案。结合清洁取暖和清洁能源消纳工作开展市（县）级源网荷储一体化示范，研究热电联产机组、新能源电站、灵活运行电热负荷一体化运营方案。

（三）园区（居民区）级源网荷储一体化。以现代信息通讯、大数据、人工智能、储能等新技术为依托，运用“互联网+”新模式，调动负荷侧调节响应能力。在城市商业区、综合体、居民区，依托光伏发电、并网型微电网和充电基础设施等，开展分布式发电与电动汽车（用户储能）灵活充放电相结合的园区（居民区）级源网荷储一体化建设。在工业负荷大、新能源条件好的地区，支持分布式电源开发建设和就近接入消纳，结合增量配电网等工作，开展源网荷储一体化绿色供电园区建设。研究源网荷储综合优化配置方案，提高系统平衡能力。

四、推进多能互补，提升可再生能源消纳水平

（一）风光储一体化。对于存量新能源项目，结合新能源特性、受端系统消纳空间，研究论证增加储能设施的必要性和可行性。对于增量风光储一体化，优化配套储能规模，充分发挥配套储能调峰、调频作用，最小化风光储综合发电成本，提升综合竞争力。

（二）风光水（储）一体化。对于存量水电项目，结合送端水电出力特性、新能源特性、受端系统消纳空间，研究论证优先利用水电调节性能消纳近区风光电力、因地制宜增加储能设施的必要性和可行性，鼓励通过龙头电站建设优化出力特性，实现就近打捆。对于增量风光水（储）一体化，按照国家及地方相关环保政策、生态红线、水资源利用政策要求，严控中小水电建设规模，以大中型水电为基础，统筹汇集送端新能源电力，优化配套储能规模。

（三）风光火（储）一体化。对于存量煤电项目，优先通过灵活性改造提升调节能力，结合送端近区新能源开发条件和出力特性、受端系统消纳空间，努力扩大就近打捆新能源电力规模。对于增量基地化开发外送项目，基于电网输送能力，合理发挥新能源地域互补优势，优先汇集近区新能源电力，优化配套储能规模；在不影响电力（热力）供应前提下，充分利用近区现役及已纳入国家电力发展规划煤电项目，严控新增煤电需求；外送输电通道可再生能源电量比例原则上不低于50%，优先规划建设比例更高的通道；落实国家及地方相关环保政策、生态红线、水资源利用等政策要求，按规定取得规划环评和规划水资源论证审查意见。对于增量就地开发消纳项目，在充分评估当地资源条件和消纳能力的基础上，优先利用新能源电力。

本指导意见由国家发展改革委、国家能源局负责解释，自印发之日起施行，有效期5年。

C.2 关于加快推动新型储能发展的指导意见（节选）

关于加快推动新型储能发展的指导意见

国家发展改革委

国家能源局

发改能源规〔2021〕1051号

四、完善政策机制，营造健康市场环境

（九）明确新型储能独立市场主体地位。研究建立储能参与中长期交易、现货和辅助服务等各类电力市场的准入条件、交易机制和技术标准，加快推动储能进入并允许同时参与各类电力市场。因地制宜建立完善“按效果付费”的电力辅助服务补偿机制，深化电力辅助服务市场机制，鼓励储能作为独立市场主体参与辅助服务市场。鼓励探索建设共享储能。

（十）健全新型储能价格机制。建立电网侧独立储能电站容量电价机制，逐步推动储能电站参与电力市场；研究探索将电网替代性储能设施成本收益纳入输配电价回收。完善峰谷电价政策，为用户侧储能发展创造更大空间。

（十一）健全“新能源+储能”项目激励机制。对于配套建设或共享模式落实新型储能的新能源发电项目，动态评估其系统价值和技术水平，可在竞争性配置、项目核准（备案）、并网时序、系统调度运行安排、保障利用小时数、电力辅助服务补偿考核等方面给予适当倾斜。

五、规范行业管理，提升建设运行水平

（十二）完善储能建设运行要求。以电力系统需求为导向，以发挥储能运行效益和功能为目标，建立健全各地方新建电力装机配套储能政策。电网企业应积极优化调度运行机制，研究制定各类型储能设施调度运行规程和调用标准，明确调度关系归属、功能定位和运行方式，充分发挥储能作为灵活性资源的功能和效益。

（十三）明确储能备案并网流程。明确地方政府相关部门新型储能行业管理职能，协调优化储能备案办理流程、出台管理细则。督促电网企业按照“简化手续、提高效率”的原则明确并网流程，及时出具并网接入意见，负责建设接网工程，提供并网调试及验收等服务，鼓励对用户侧储能提供“一站式”服务。

（十四）健全储能技术标准及管理体系。按照储能发展和安全运行需求，发挥储能标准化信息平台作用，统筹研究、完善储能标准体系建设的顶层设计，开展不同应用场景储能标准制修订，建立健全储能全产业链技术标准体系。加强现行能源电力系统相关标准与储能应用的统筹衔接。推动完善新型储能检测和认证体系。推动建立储能设备制造、建设安装、运行监测等环节的安全标准及管理体系。

六、加强组织领导，强化监督保障工作

（十五）加强组织领导工作。国家发展改革委、国家能源局负责牵头构建储能高质量发展体制机制，协调有关部门共同解决重大问题，及时总结成功经验和有效做法；研究完善新型储能价格形成机制；按照“揭榜挂帅”等方式要求，推进国家储能技术产教融合创新平台建设，逐步实现产业技术由跟跑向并跑领跑转变；推动设立储能发展基金，支持主流新型储能技术产业化示范；有效利用现有中央预算内专项等资金渠道，积极支持新型储能关键技术装备产业化及应用项目。各地区相关部门要结合实际，制定落实方案和完善政策措施，科学有序推进各项任务。国家能源局各派出机构应加强事中事后监管，健全完善新型储能参与市场交易、安全管理等监管机制。

（十六）落实主体发展责任。各省级能源主管部门应分解落实新型储能发展目标，在充分掌握电力系统实际情况、资源条件、建设能力等基础上，按年度编制新型储能发展方案。加大支持新型储能发展的财政、金融、税收、土地等政策力度。

（十七）鼓励地方先行先试。鼓励各地研究出台相关改革举措、开展改革试点，在深入探索储能技术路线、创新商业模式等的基础上，研究建立合理的储能成本分摊和疏导机制。加快新型储能技术和重点区域试点示范，及时总结可复制推广的做法和成功经验，为储能规模化高质量发展奠定坚实基础。

C.3 “十四五”新型储能发展实施方案（节选）

“十四五”新型储能发展实施方案

国家发展改革委

国家能源局

发改能源〔2022〕209号

一、总体要求

（二）基本原则

市场主导，有序发展。明确新型储能独立市场地位，充分发挥市场在资源配置中的决定性作用，更好发挥政府作用，完善市场化交易机制，丰富新型储能参与的交易品种，健全配套市场规则和监督规范，推动新型储能有序发展。

（三）发展目标

到2025年，新型储能由商业化初期步入规模化发展阶段，具备大规模商业化应用条件。新型储能技术创新能力显著提高，核心技术装备自主可控水平大幅提升，标准体系基本完善，产业体系日趋完备，市场环境和商业模式基本成熟。其中，电化学储能技术性能进一步提升，系统成本降低30%以上；火电与核电机组抽汽蓄能等依托常规电源的新型储能技术、百兆瓦级压缩空气储能技术实现工程化应用；兆瓦级飞轮储能等机械储能技术逐步成熟；氢储能、热（冷）储能等长时间尺度储能技术取得突破。

到2030年，新型储能全面市场化发展。新型储能核心技术装备自主可控，技术创新和产业水平稳居全球前列，市场机制、商业模式、标准体系成熟健全，与电力系统各环节深度融合发展，基本满足构建新型电力系统需求，全面支撑能源领域碳达峰目标如期实现。

四、推动规模化发展，支撑构建新型电力系统

持续优化建设布局，促进新型储能与电力系统各环节融合发展，支撑新型电力系统建设。推动新型储能与新能源、常规电源协同优化运行，充分挖掘常规电源储能潜力，提高系统调节能力和容量支撑能力。合理布局电网侧新型储能，着力提升电力安全保障水平和系统综合效率。实现用户侧新型储能灵活多样发展，探索储能融合发展新场景，拓展新型储能应用领域和应用模式。

（一）加大力度发展电源侧新型储能

推动系统友好型新能源电站建设。在新能源资源富集地区，如内蒙古、新疆、甘肃、青海等，以及其他新能源高渗透率地区，重点布局一批配置合理新型储能的系统友好型新能源电站，推动高精度长时间尺度功率预测、智能调度控制等创新技术应用，保障新能源高效消纳利用，提升新能源并网友好性和容量支撑能力。

支撑高比例可再生能源基地外送。依托存量和“十四五”新增跨省跨区输电通道，在东北、华北、西北、西南等地区充分发挥大规模新型储能作用，通过“风光水火储一体化”多能互补模式，促进大规模新能源跨省区外送消纳，提升通道利用率和可再生能源电量占比。

促进沙漠戈壁荒漠大型风电光伏基地开发消纳。配合沙漠、戈壁、荒漠等地区大型风电光伏基地开发，研究新型储能的配置技术、合理规模和运行方式，探索利用可再生能源制氢，支撑大规模新能源外送。

促进大规模海上风电开发消纳。结合广东、福建、江苏、浙江、山东等地区大规模海上风电基地开发，开展海上风电配置新型储能研究，降低海上风电汇集输电通道的容量需求，提升海上风电消纳利用水平和容量支撑能力。

提升常规电源调节能力。推动煤电合理配置新型储能，开展抽汽蓄能示范，提升运行特性和整体效益。探索开展新型储能配合核电调峰调频及多场景应用。探索利用退役火电机组既有厂址和输变电设施建设新型储能或风光储设施。

（二）因地制宜发展电网侧新型储能

提高电网安全稳定运行水平。在负荷密集接入、大规模新能源汇集、大容量直流馈入、调峰调频困难和电压支撑能力不足的关键电网节点合理布局新型储能，充分发挥其调峰、调频、调压、事故备用、爬坡、黑启动等多种功能，作为提升系统抵御突发事件和故障后恢复能力的重要措施。

增强电网薄弱区域供电保障能力。在供电能力不足的偏远地区，如新疆、内蒙古、西藏等地区的电网末端，合理布局电网侧新型储能或风光储电站，提高供电保障能力。在电网未覆盖地区，通过新型储能支撑太阳能、风能等可再生能源开发利用，满足当地用能需求。

延缓和替代输变电设施投资。在输电走廊资源和变电站站址资源紧张地区，如负荷中心地区、临时性负荷增加地区、阶段性供电可靠性需求提高地区等，支持电网侧新型储能建设，延缓或替代输变电设施升级改造，降低电网基础设施综合建设成本。

提升系统应急保障能力。围绕政府、医院、数据中心等重要电力用户，在安全可靠前提下，建设一批移动式或固定式新型储能作为应急备用电源，研究极端情况下对包括电动汽车在内的储能设施集中调用机制，提升系统应急供电保障能力。

（三）灵活多样发展用户侧新型储能

支撑分布式供能系统建设。围绕大数据中心、5G 基站、工业园区、公路服务区等终端用户，以及具备条件的农村用户，依托分布式新能源、微电网、增量配网等配置新型储能，探索电动汽车在分布式供能系统中应用，提高用能质量，降低用能成本。

提供定制化用能服务。针对工业、通信、金融、互联网等用电量大且对供电可靠性、电能质量要求高的电力用户，根据优化商业模式和系统运行模式需要配置新型储能，支撑高品质用电，提高综合用能效率效益。

提升用户灵活调节能力。积极推动不间断电源、充换电设施等用户侧分散式储能设施建设，探索推广电动汽车、智慧用电设施等双向互动智能充放电技术应用，提升用户灵活调节能力和智能高效用电水平。

（四）开展新型储能多元化应用

推进源网荷储一体化协同发展。通过优化整合本地电源侧、电网侧、用户侧资源，合理配置各类储能，探索不同技术路径和发展模式，鼓励源网荷储一体化项目开展内部联合调度。

加快跨领域融合发展。结合国家新型基础设施建设，积极推动新型储能与智慧城市、乡村振兴、智慧交通等领域的跨界融合，不断拓展新型储能应用模式。

拓展多种储能形式应用。结合各地区资源条件，以及对不同形式能源需求，推动长时间电储能、氢储能、热（冷）储能等新型储能项目建设，促进多种形式储能发展，支撑综合智慧能源系统建设。

五、完善体制机制，加快新型储能市场化步伐

加快推进电力市场体系建设，明确新型储能独立市场主体地位，营造良好市场环境。研究建立新型储能价格机制，研究合理的成本分摊和疏导机制。创新新型储能商业模式，探索共享储能、云储能、储能聚合等商业模式应用。

（一）营造良好市场环境

推动新型储能参与各类电力市场。加快推进电力中长期交易市场、电力现货市场、辅助服务市场等建设进度，推动储能作为独立主体参与各类电力市场。研究新型储能参与电力市场的准入条件、交易机制和技术标准，明确相关交易、调度、结算细则。

完善适合新型储能的辅助服务市场机制。推动新型储能以独立电站、储能聚合商、虚拟电厂等多种形式参与辅助服务，因地制宜完善“按效果付费”的电力辅助服务补偿机制，丰富辅助服务交易品种，研究开展备用、爬坡等辅助服务交易。

（二）合理疏导新型储能成本

加大“新能源+储能”支持力度。在新能源装机占比高、系统调峰运行压力大的地区，积极引导新能源电站以市场化方式配置新型储能。对于配套建设新型储能或以共享模式落实新型储能的新能源发电项目，结合储能技术水平和系统效益，可在竞争性配置、项目核准、并网时序、保障利用小时数、电力服务补偿考核等方面优先考虑。

完善电网侧储能价格疏导机制。以支撑系统安全稳定高效运行为原则，合理确定电网侧储能的发展规模。建立电网侧独立储能电站容量电价机制，逐步推动储能电站参与电力市场。科学评估新型储能输变电设施投资替代效益，探索将电网替代性储能设施成本收益纳入输配电价回收。

完善鼓励用户侧储能发展的价格机制。加快落实分时电价政策，建立尖峰电价机制，拉大峰谷价差，引导电力市场价格向用户侧传导，建立与电力现货市场相衔接的需求侧响应补偿机制，增加用户侧储能的收益渠道。鼓励用户采用储能技术减少接入电力系统的增容投资，发挥储能在减少配电网基础设施投资上的积极作用。

（三）拓展新型储能商业模式

探索推广共享储能模式。鼓励新能源电站以自建、租用或购买等形式配置储能，发挥储能“一站多用”的共享作用。积极支持各类主体开展共享储能、云储能等创新商业模式的应用示范，试点建设共享储能交易平台和运营监控系统。

研究开展储能聚合应用。鼓励不间断电源、电动汽车、充换电设施等用户侧分散式储能设施的聚合利用，通过大规模分散小微主体聚合，发挥负荷削峰填谷作用，参与需求侧响应，创新源荷双向互动模式。

创新投资运营模式。鼓励发电企业、独立储能运营商联合投资新型储能项目，通过市场化方式合理分配收益。建立源网荷储一体化和多能互补项目协调运营、利益共享机制。积极引导社会资本投资新型储能项目，建立健全社会资本建设新型储能公平保障机制。

C.4 关于进一步推动新型储能参与电力市场和调度运用的通知

关于进一步推动新型储能参与电力市场和调度运用的通知

国家发展改革委办公厅
国家能源局综合司

发改办运行〔2022〕475号

各省、自治区、直辖市、新疆生产建设兵团发展改革委、经信委（工信委、工信厅、工信局、经信厅）、能源局，北京市城市管理委员会，国家能源局各派出机构，国家电网有限公司、中国南方电网有限责任公司、中国华能集团有限公司、中国大唐集团有限公司、中国华电集团有限公司、国家电力投资集团有限公司、中国长江三峡集团有限公司、国家能源投资集团有限责任公司、国家开发投资集团有限公司、华润（集团）有限公司：

为贯彻落实《中共中央、国务院关于完整准确全面贯彻新发展理念做好碳达峰碳中和工作的意见》，按照《国家发展改革委、国家能源局关于加快推动新型储能发展的指导意见》（发改能源规〔2021〕1051号）有关要求，进一步明确新型储能市场定位，建立完善相关市场机制、价格机制和运行机制，提升新型储能利用水平，引导行业健康发展，现就有关事项通知如下。

一、总体要求。新型储能具有响应快、配置灵活、建设周期短等优势，可在电力运行中发挥顶峰、调峰、调频、爬坡、黑启动等多种作用，是构建新型电力系统的重要组成部分。要建立完善适应储能参与的市场机制，鼓励新型储能自主选择参与电力市场，坚持以市场化方式形成价格，持续完善调度运行机制，发挥储能技术优势，提升储能总体利用水平，保障储能合理收益，促进行业健康发展。

二、新型储能可作为独立储能参与电力市场。具备独立计量、控制等技术条件，接入调度自动化系统可被电网监控和调度，符合相关标准规范和电力市场运营机构等有关方面要求，具有法人资格的新型储能项目，可转为独立储能，作为独立主体参与电力市场。鼓励以配建形式存在的新型储能项目，通过技术改造满足同等技术条件和安全标准时，可选择转为独立储能项目。按照《国家发展改革委、国家能源局关于推进电力源网荷储一体化和多能互补发展的指导意见》（发改能源规〔2021〕280号）有关要求，涉及风光水火储多能互补一体化项目的储能，原则上暂不转为独立储能。

三、鼓励配建新型储能与所属电源联合参与电力市场。以配建形式存在的新型储能项目，在完成站内计量、控制等相关系统改造并符合相关技术要求情况下，鼓励与所配建的其他类型电源联合并视为一个整体，按照现有相关规则参与电力市场。各地根据市场放开电源实际情况，鼓励新能源场站和配建储能联合参与市场，利用储能改善新能源涉网性能，保障新能源高效消纳利用。随着市场建设逐步成熟，鼓励探索同一储能主体可以按照部分容量独立、部分容量联合两种方式同时参与的市场模式。

四、加快推动独立储能参与电力市场配合电网调峰。加快推动独立储能参与中长期市场和现货市场。鉴于现阶段储能容量相对较小，鼓励独立储能签订顶峰时段和低谷时段市场合约，发挥移峰填谷和顶峰发电作用。独立储能电站向电网送电的，其相应充电电量不承担输配电价和政府性基金及附加。

五、充分发挥独立储能技术优势提供辅助服务。鼓励独立储能按照辅助服务市场规则或辅助服务管理细则，提供有功平衡服务、无功平衡服务和事故应急及恢复服务等辅助服务，以及在电网事故时提供快速有功响应服务。辅助服务费用应根据《电力辅助服务管理办法》有关规定，按照“谁提供、谁获利，谁受益、谁承担”的原则，由相关发电侧并网主体、电力用户合理分摊。

六、优化储能调度运行机制。坚持以市场化方式为主优化储能调度运行。对于暂未参与市场的配建储能，尤其是新能源配建储能，电力调度机构应建立科学调度机制，项目业主要加强储能设施系统运行维护，确保储能系统安全稳定运行。燃煤发电等其他类型电源的配建储能，参照上述要求执行，进一步提升储能利用水平。

七、进一步支持用户侧储能发展。各地要根据电力供需实际情况，适度拉大峰谷价差，为用户侧储能发展创造空间。根据各地实际情况，鼓励进一步拉大电力中长期市场、现货市场上下限价格，引导用户侧主动配置新型储能，增加用户侧储能获取收益渠道。鼓励用户采用储能技术减少自身高峰用电需求，减少接入电力系统的增容投资。

八、建立电网侧储能价格机制。各地要加强电网侧储能的科学规划和有效监管，鼓励电网侧根据电力系统运行需要，在关键节点建设储能设施。研究建立电网侧独立储能电站容量电价机制，逐步推动电站参与电力市场；探索将电网替代型储能设施成本收益纳入输配电价回收。

九、修订完善相关政策规则。在新版《电力并网运行管理规定》和《电力辅助服务管理办法》基础上，各地要结合实际、全面统筹，抓紧修订完善本地区适应储能参与的相关市场规则，抓紧修订完善本地区适应储能参与的并网运行、辅助服务管理实施细则，推动储能在削峰填谷、优化电能质量等方面发挥积极作用。各地要建立完善储能项目平等参与市场的交易机制，明确储能作为独立市场主体的准入标准和注册、交易、结算规则。

十、加强技术支持。新型储能项目建设应符合《新型储能项目管理规范（暂行）》等相关标准规范要求，主要设备应通过具有相应资质机构的检测认证，涉网设备应符合电网安全运行相关技术要求。储能项目要完善站内技术支持系统，向电网企业上传实时充放电功率、荷电状态等运行信息，参与电力市场和调度运行的项目还需具备接受调度指令的能力。电力交易机构要完善适应储能参与交易的电力市场交易系统。电力企业要建立技术支持平台，实现独立储能电站荷电状态全面监控和充放电精准调控，并指导项目业主做好储能并网所需一、二次设备建设改造，满足储能参与市场、并网运行和接受调度指令的相关技术要求。

十一、加强组织领导。国家发展改革委、国家能源局总体牵头，各地要按照职责分工明确相关牵头部门，分解任务，建立完善适应新型储能发展的市场机制和调度运行机制，对工作推动过程中有关问题进行跟踪、协调和指导。地方政府相关部门和国家能源局派出机构要按照职责分工落实储能参与电力中长期市场、现货市场、辅助服务市场等相关工作，同步建立辅助服务和容量电价补偿机制并向用户传导。充分发挥全国新型储能大数据平台作用，动态跟踪分析储能调用和参与市场情况，探索创新可持续的商业模式。

十二、做好监督管理。地方政府相关部门和国家能源局派出机构要研究细化监管措施，加强对独立储能调度运行监管，保障社会化资本投资的储能电站得到公平调度，具有同等权益和相当的利用率。各地要加强新型储能建设、运行安全监管，督促有关电力企业严格落实《国家能源局综合司关于加强电化学储能电站安全管理的通知》（国能综通安全〔2022〕37 号）要求，鼓励电力企业积极参加国家级电化学储能电站安全监测信息平台建设，在确保安全前提下推动有关工作。

各地要根据本地新型储能现状和市场建设情况，制定细化工作实施方案，并抓好落实。有关工作考虑和进展情况请于 9 月 30 日前报送国家发展改革委、国家能源局。

国家发展改革委办公厅
国家能源局综合司
2022 年 5 月 24 日

C.5 山东省关于开展储能示范应用的实施意见

关于开展储能示范应用的实施意见

山东省发展改革委
山东省能源局
国家能源局山东监管办公室

鲁发改能源〔2021〕254号

为加快推动我省储能发展，提升电力系统调节能力，促进新能源消纳和能源结构优化调整，构建清洁低碳、安全高效的现代能源体系，现就开展储能示范应用制定以下实施意见：

一、总体要求

（一）指导思想

以习近平新时代中国特色社会主义思想为指导，全面贯彻党的十九大和十九届二中、三中、四中、五中全会精神，深入落实“四个革命，一个合作”能源安全新战略，围绕实现“碳达峰、碳中和”战略目标，紧跟国内储能发展步伐，以试点促推广应用、以示范促深化发展，着力推动储能技术和产业实现新突破，为全省能源高质量发展提供重要支撑和有力保障。

（二）基本原则

政府引导与市场推动相结合。发挥政府部门在政策引导、公共服务等方面作用，建立有利于储能发展的政策体系和保障机制；坚持企业主体地位，充分调动各类市场主体参与储能创新发展的积极性。

试点先行与有序推进相结合。坚持先易后难、以点带面，发挥示范引领作用，促进储能技术、应用场景和商业模式创新；合理安排建设规模和时序，实现与电力系统需求和新能源发展有效衔接。

统筹布局与协同联动相结合。坚持全省“一盘棋”，根据电力、可再生能源等规划，合理布局储能示范项目；针对不同需求和应用场景，分类施策，推动储能在电源侧、电网侧和用户侧协同发展。

政策支持与自主发展相结合。抓住国家大力促进储能发展的重要机遇，积极争取有关政策、资金和项目支持；整合各类资源，形成工作合力，用好用足电力市场化改革政策红利，加快推进储能示范应用。

（三）任务目标

通过开展试点示范，促进新型储能技术研发和创新应用，建立健全相关标准体系，培育具有市场竞争力的商业模式，形成可复制易推广的经验做法，推动我省储能加快发展。首批示范项目规模50万千瓦左右，后续示范规模视电力系统发展和首批项目运营情况另行确定。

二、主要任务

（一）创新发展模式。统筹利用当地资源，因地制宜推动风光（火）储一体化项目建设。新增集中式风电、光伏发电项目，原则上按照不低于10%比例配建或租赁储能设施，连续充电时间不低于2小时。支持各类市场主体投资建设运营共享储能设施，鼓励风电、光伏发电项目优先租赁共享储能设施，租赁容量视同其配建储能容量。鼓励有条件的风电、光伏发电项目配套制氢设备，制氢装机运行容量视同配建储能容量。

（二）健全支撑体系。根据电力系统调节能力，按年度发布储能容量需求信息。依托山东电力交易平台，培育储能辅助服务和容量租赁市场。规范储能建设和管理，完善设计、验收、检测、接入等标准，建设省级储能监测、调度平台，强化日常监测和运行管理。

（三）明确示范标准。示范项目纳入省级电网调度管理，独立运营，按要求接入省级监测平台。其中调峰项目接入电压等级为110kV及以上，功率不低于5万千瓦、连续充电时间不低于2小时；联合火电机组调频项目单体功率不低于0.3万千瓦，综合调节性能指标K_{pd}值不低于3.2。锂电池储能电站交流侧效率不低于85%、放电深度不低于90%、电站可用率不低于90%。其他形式储能电站，按照“一事一议”原则确定。

（四）促进产业发展。优先发展大容量、长时间、低成本的调峰储能技术，加强储能关键材料、单元模块和控制系统研发。重点培育青岛、淄博、枣庄、济宁和泰安储能产业基地，加快建设济南储能设备集成和工程创新中心，逐步形成材料生产、设备制造、储能集成、运行检测全产业链。

三、支持政策

（一）风电、光伏发电项目按比例要求配建或租赁储能示范项目的，优先并网、优先消纳。

（二）示范项目参与电力辅助服务报量不报价，在火电机组调峰运行至50%以下时优先调用，按照200元/兆瓦时给予补偿。

（三）示范项目充放电量损耗部分按工商业及其他用电单一制电价执行。结合存量煤电建设的示范项目，损耗部分参照厂用电管理但统计上不计入厂用电。

（四）示范项目参与电网调峰时，累计每充电 1 小时给予 1.6 小时的调峰奖励优先发电量计划。联合火电机组参与调频时，K_{pd} 值≥3.2 的按储能容量每月给予 20 万千瓦时/兆瓦调频奖励优先发电量计划，K_{pd} 值每提高 0.1 增加 5 万千瓦时/兆瓦调频奖励优先发电量计划。

（五）示范项目的调峰调频优先发电量计划按月度兑现，可参与发电权交易。

上述政策暂定 5 年。期间，若电力市场相关政策和储能运营环境发生较大变化，适时调整。

四、保障措施

（一）加强组织领导。成立储能发展专班，具体负责示范项目组织实施，协调解决工作推进中遇到的重大问题。建立储能领域专家咨询委员会，为政府决策提供专业支撑。推动建立储能产业联盟，搭建交流合作平台。

（二）健全市场机制。深化电力市场化改革，完善储能市场化交易机制和价格形成机制，推动储能逐步通过市场实现可持续发展。积极营造公平公正、竞争有序的市场环境，引导社会资本投资储能，促进产业健康发展。

（三）强化跟踪评估。加强示范项目事中事后管理，对隐瞒有关情况或者提供虚假资料的、效果不达标且整改后仍不符合要求的及未能按期投运的，终止示范。加强政策实施效果评估，对出现的新情况新问题及时研究解决。

C.6 山东省关于促进我省新型储能示范项目健康发展的若干措施

关于促进我省新型储能示范项目健康发展的若干措施

山东省发展改革委
山东省能源局
国家能源局山东监管办公室

鲁发改能源〔2022〕749号

为建立适应储能参与的市场机制，加快推动先进储能技术示范应用，促进新型储能持续健康发展，根据国家发展改革委、国家能源局《关于印发〈“十四五”新型储能发展实施方案〉的通知》《关于进一步推动新型储能参与电力市场和调度运用的通知》和《山东省电力现货市场交易规则（试行）》等文件精神，制定如下措施。

一、依托现货市场，推动新型储能市场化发展

1. 示范项目作为独立储能可参与电力现货市场。新型储能示范项目（以下简称“示范项目”）进入电力现货市场前，充电电量用电价格暂按电网企业代理购电工商业及其他用电类别单一制电价标准执行。进入电力现货市场后，作为独立市场主体参与市场交易。充电时为市场用户，从电力现货市场中直接购电；放电时为发电企业，在电力现货市场进行售电，其相应充电电量不承担输配电价和政府性基金及附加。

2. 对示范项目参与电力现货市场给予容量补偿。补偿费用暂按电力市场规则中独立储能月度可用容量补偿标准的2倍执行。

3. 鼓励示范项目发挥技术优势参与辅助服务。鼓励新型储能参与电力辅助服务交易，利用其响应快、效率高、配置灵活、建设周期短等优势，在电力运行中发挥调频、爬坡、黑启动等多项作用，更好地提升新型电力系统的调节能力。辅助服务费用根据《电力辅助服务管理办法》有关规定，由相关发电侧并网主体、电力用户合理分摊。

4. 示范项目容量可在全省范围内租赁使用。本着“公平开放”的原则，示范项目容量应在山东电力交易中心统一登记并开放，由省内新能源企业租赁使用。新能源企业租赁的储能容量视同企业配建的容量。山东电力交易中心按月度组织储能可租赁容量与需求容量租赁撮合交易，交易结果作为新能源企业配置储能容量的依据。电网企业对签订储能租赁合同（租赁周期不低于2年）的新能源企业进行认定后，按照《山东省风电、光伏发电项目并网保障指导意见（试行)》相关规定执行。

二、创新思路举措，鼓励新型储能规模化发展

5. 引导新能源项目积极配置新型储能设施。在新能源项目并网时，电网企业按照储能容量比例，由高到低安排并网顺序；容量比例相同的情况下，规模比例高的优先并网。在新能源消纳困难时段，按照是否配置储能确定消纳优先级，配置储能的优先消纳（户用分布式、国家扶贫项目除外)。

6. 鼓励发展大型独立储能电站。对功率不低于3万千瓦、具有法人资格的新建新型储能项目，按照自愿原则，在具备独立计量、控制等技术条件，达到相关标准规范和电力市场运营机构等有关方面要求，并接入调度自动化系统可被电网监控和调度的基础上，可转为独立储能，作为独立主体参与电力市场。以配建形式存在的存量新型储能项目参照上述政策执行。

7. 支持储能多元化发展。燃煤机组通过“热储能”方式在最小技术出力以下增加的深度调峰容量、燃气机组调峰容量和电解水制氢装机调峰容量，经电力技术监督机构认定后，其容量可在全省范围内租赁使用，用电按照厂用电管理但统计上不计入厂用电。

三、加强制度管理，促进新型储能规范化发展

8. 健全完善新型储能项目备案管理。加强顶层设计，科学布局、合理规划，建立省级新型储能项目库。新型储能项目由县级主管部门依据投资有关法律、法规及配套制度实行备案管理，项目备案情况分别报送所在市能源主管部门和省能源局、国家能源局山东监管办。

9. 强化示范项目技术监督。示范项目并网验收前，按照国家能源局《关于加强电化学储能电站安全管理的通知》有关要求，要完成电站主要设备及系统的型式试验、整站调试试验和并网检测。并网运行后，示范项目应接入储能电站集中监管平台，开展在线运行监测。投运的前三年每年应进行涉网性能检测；三年后每年应进行一次包括涉网性能检测在内的整站检测。未进行检测或检测不合格且拒不整改的，将予以解网。

10. 优化示范项目调度运行机制。在电力供应宽松时段，坚持市场化运行，示范项目日前申报参与电力现货交易相关信息，在电力现货市场中进行集中优化出清，交易中优先出清。为保障电力可靠供应和电网安全稳定，在电力供应紧张等特殊时段，可采取临时统一调度运行的方式，并视情况适当予以补偿。

11. *严格储能容量配置情况考核*。对于未按承诺履行新型储能建设责任，或未按承诺比例租赁新型储能容量的新能源企业，按照未完成储能容量对应新能源容量规模的2倍予以扣除其并网发电容量。

12. *建立健全安全管理工作机制*。加强沟通协调，会同相关部门按照安全生产“三管三必须”原则，建立健全覆盖新型储能电站规划设计、设备选型、施工验收、并网运行、检测监测、应急管理等全过程的安全管理体系。市、县要严格落实属地责任，加强示范项目安全督促指导和监督检查。示范项目业主要严格履行安全生产主体责任，遵守安全生产法律法规和标准规范，落实全员安全生产责任制，建立健全风险分级管控和隐患排查治理双重预防体系，保障电站安全稳定运行和健康可持续发展。

本措施自印发之日起实施，有效期至2027年12月31日。

名词解释：新型储能示范项目，是指符合国能发科技规〔2021〕47号和鲁发改能源〔2021〕254号文件相关要求，并纳入省能源局年度储能示范项目名单的项目。

C.7 山东省关于支持长时储能试点应用的若干措施

关于支持长时储能试点应用的若干措施

山东省发展改革委

山东省能源局

山东省科学技术厅

国家能源局山东监管办公室

鲁能源科技〔2023〕115号

长时储能具有容量大、寿命长、安全性好、调节能力强等优势。为积极推动长时储能试点应用，促进先进储能技术规模化发展，助力构建新型电力系统，现制定若干措施如下：

一、试点条件

长时储能包括但不限于压缩空气储能、液流电池储能等。项目规模不低于10万千瓦；满功率放电时长不低于4小时；电-电转换效率不低于60%，若项目综合能量效率高于80%，电-电转换效率可放宽至不低于55%；项目寿命不低于25年；项目建设期按2年。

二、支持政策

1. 优先列入新型储能项目库。按照科学发展、试点先行原则，支持成熟的长时储能项目先行先试，符合试点条件的，优先列入我省新型储能项目库。项目建成后，可享受优先接入电网、优先租赁的政策。

2. 支持参与电力现货市场。支持具备独立计量条件的长时储能试点项目进入商业运营后，作为独立储能参与电力现货市场。试点项目进入商业运营前，充电电量用电价格暂按电网企业代理购电工商业及其他用电类别单一制电价标准执行。进入商业运营后，作为独立市场主体参与电力市场交易。充电时为市场用户，从电力现货市场中直接购电；放电时为发电企业，在电力现货市场进行售电。

3. 细化输配电价政策。认真落实《关于进一步推动新型储能参与电力市场和调度运行的通知》（发改办运行〔2022〕475号）文件精神，长时储能试点项目作为独立储能向电网送电的，其相应充电电量（含损耗部分）不承担输配电价和政府性基金及附加。

4. 加大容量补偿力度。长时储能放电时间较长、对电网调峰贡献更大，对于列为试点项目的长时储能，参与电力现货交易时，其补偿费用暂按其月度可用容量补偿标准的 2 倍执行，该政策不与储能示范项目等其他政策措施同时享受。

5. 提升容量租赁比例。长时储能的容量（功率×时长）一般为锂离子电池储能容量的 2 倍及以上，考虑其租赁给风电、光伏发电项目时，能够发挥更大的新能源消纳作用，可暂按其功率的 1.2 倍折算配储规模。支持新能源企业优先租赁长时储能试点项目。

6. 强化科技创新支持。按照推动创新链产业链深度融合相关要求，在我省落地转化实现产业化示范，且符合相关程序和标准的项目，纳入省级科技示范工程支持范围

本措施自印发之日起实施，有效期至 2025 年 12 月 31 日。

C.8 山东省关于开展我省配建储能转为独立储能试点工作的通知（节选）

关于开展我省配建储能转为独立储能试点工作的通知

山东省发展改革委

国家能源局山东监管办公室

山东省能源局

鲁发改能源〔2023〕670号

各市发展改革委（能源局），各有关单位、企业：

为拓宽配建储能盈利渠道，鼓励其积极参与电力市场，更好地发挥电力系统调节作用，根据《关于进一步推动新型储能参与电力市场和调度运用的通知》（发改办运行〔2022〕475号）和《关于促进我省新型储能示范项目健康发展的若干措施》（鲁发改能源〔2022〕749号）精神，将开展新型储能配建转独立试点工作，有关事项通知如下：

一、试点条件

（一）技术条件。对同一安装地点功率不低于3万千瓦的配建储能，按照自愿原则，改造后接入电压等级为110kV及以上，具备独立计量、控制等技术条件，达到相关标准规范和电力市场运营机构等有关方面的要求，并接入调度自动化系统可被电网监控和调度的，可转为独立储能。

（二）安全方案。项目应具有较为完善的安全方案，符合相关安全规范要求，须按接入电压等级选择对应资质的设计、施工、监理、调试等单位。严格消防风险管控，配套CO、VOC或H_2等复合型气体检测报警系统，具备完善的消防预警和防止复燃措施。特色应用亮点突出的，优先转为独立储能。

（三）其他要求。按照《国家发展改革委　国家能源局关于推进电力源网荷储一体化和多能互补发展的指导意见》（发改能源规〔2021〕280号）有关要求，涉及风光水火储多能互补一体化项目的储能，原则上暂不转为独立储能。其他技术要求详见附件1。

二、申报程序

（一）项目初审。对于自愿转为独立储能的，由项目法人单位向市级能源主管部门以呈报方式提出申请，并附配建转独立申请报告和支撑材料（详见附件2、附件3），市级能源主管部门严格按照国家、行业和地方有关要求和标准进行初审，将合格项目的初审意见及申报材料（一式7份、含电子版）报送省能源局。

（二）专家评审。省能源局联合有关部门（单位）对项目进行初评，符合条件的，省能源局将会同有关部门（单位）组织专家或委托第三方对申报项目进行正式评审，评审合格的，省能源局对呈报进行复函同意开展项目前期工作，国网山东省电力公司依据省能源局复函开展接入系统评审和批复工作。

三、建设验收

（一）跟踪评估。市级能源主管部门加强项目建设进度日常调度，按月向省能源局报送项目进展情况。遇到重大事项，应及时报告。自省能源局复函之日起，半年内未形成实物工作量的项目，或一年及以上未建成的项目，取消转独立资格，三年内不得再次提出申请。

（二）建成验收。按期建成的项目，由市级能源主管部门提出申请，省能源局将对照项目配建转独立申报材料，会同电网调度机构对申报项目进行验收，验收通过后，电网企业营销部门、电力交易机构方可履行下一步程序。

联系人及电话：王磊　0531-51763672

电子邮箱：snyjkjc@ shandong. cn

附件：1. 配建储能转为独立储能相关技术要求
　　　2. 配建储能转为独立储能项目申请表
　　　3. 配建储能转为独立储能项目申报书（编制大纲）

附件1

配建储能转为独立储能相关技术要求

1. 配建储能指配合新能源、火电或者用户等建设的储能电站。

2. 独立储能指独立储能电站是具备独立法人资格，满足独立计量、控制等相关技术条件，可被电网直接调度的储能设施。

3. 新能源电站配建储能上送调度机构调度主站的实时运行信息应完整、准确，满足调度机构实时监视要求。

4. 新能源电站配建储能应具备独立的 AGC 控制功能，并通过省级调度机构联调测试，具备调度主站远方控制能力。

5. 新能源电站应在站内新建储能专用升压变，将存量储能接入专用升压变，实现单独计量结算。

6. 新能源电站应配备储能运行值班人员，满足独立储能电站值班人员持证上岗工作要求。

7. 调度机构应按独立储能电站管理要求重新对其下达调度命名，并明确调度管辖关系。

8. 新能源配建储能转独立储能前，应重新与电网企业签订并网调度协议、购售电合同、供用电合同。

9. 新能源配建储能转独立储能前，应完成并网检测并向调度机构提供合格的检测报告。

10. 新能源配建储能应完成所有并网调试项目转入正式运行后，方可申请转为独立储能。

11. 新能源电站具备以上条件后，应向调度机构提交配建转独立储能验收申请，调度机构与能源主管部门联合组织开展验收，验收通过后项目业主应在电网企业营销部门完成建档立户，立户后可在电力交易机构办理相关手续。

C.9 广东省推动新型储能产业高质量发展的指导意见（节选）

广东省推动新型储能产业高质量发展的指导意见

广东省人民政府办公厅

粤府办〔2023〕4号

一、总体要求

（二）发展目标。新型储能产业链关键材料、核心技术和装备自主可控水平大幅提升，全产业链竞争优势进一步凸显，市场机制、标准体系和管理体制更加健全，大型骨干企业规模实力不断壮大，产业创新力和综合竞争力大幅提升。到2025年，全省新型储能产业营业收入达到6000亿元，年均增长50%以上，装机规模达到300万千瓦。到2027年，全省新型储能产业营业收入达到1万亿元，装机规模达到400万千瓦。

四、创新开展新型储能多场景应用

（十七）积极开拓海外储能市场。鼓励新型储能企业参与“一带一路”倡议，打造国家级新型储能产品进出口物流中心。鼓励新型储能企业组建联合体积极参与国外大型光储一体化、独立储能电站、构网型储能项目建设。顺应欧洲、北美、东南亚、非洲等市场用能需求，提升“家用光伏+储能”、便携式储能产品设计兼容性和经济性，持续扩大国际市场贸易份额。积极拓展储能产品在海外数据中心备用、特种车辆移动储能等细分领域市场。支持龙头企业带动产业链上下游企业组团出海，推动广东储能产品、技术、标准、品牌和服务走出去，形成“广东总部+海外基地+全球网络”的经营格局。（省商务厅，相关地级以上市政府负责）

（十八）拓展“新能源+储能”应用。支持新型储能企业积极参与西藏、新疆、内蒙古、甘肃、青海等新能源高渗透率地区电源侧新型储能电站建设，支撑高比例可再生能源基地外送。探索在阳江、湛江、肇庆、韶关、梅州等新能源装机规模较大、电力外送困难的地区，按一定比例建设“新能源+储能”示范项目，促进新能源高效消纳利用。支持新型储能“众筹共建、集群共享”商业模式，建设共享储能交易平台和运营监控系统。（省能源局，广东电网公司，阳江、湛江、肇庆、韶关、梅州等地级以上市政府负责）

（十九）推进定制化应用场景。在输电走廊资源和变电站站址资源紧张地区，支持电网侧新型储能建设。在电网调节支撑能力不足的关键节点和偏远地区、海岛等供电能力不足的电网末端合理配置电网侧储能，提高电网供电保障能力。推动煤电合理配置新型储能，开展抽汽蓄能示范，提升运行特性和整体效益。利用退役火电机组既有厂址和输变电设施建设新型储能，发挥系统保底和支撑作用。探索利用新型储能配合核电调峰调频，提升系统灵活性调节能力。在安全可靠前提下，推动工商业企业和产业园区配置用户侧新型储能，支持精密制造、公用事业、金融证券、通信服务等行业和公共数据中心等供电可靠性和电能质量要求高的重要电力用户配置新型储能。推动源网荷储一体化试点示范，促进储能多元化协同发展。（省能源局、发展改革委、工业和信息化厅，广东电网公司负责）

（二十）推进虚拟电厂建设。结合工业园区、大数据中心、5G 基站、充电站等区域分布式储能建设，推动建设智能控制终端和能量管理系统，充分挖掘储能、充电桩、光伏、基站等分布式资源调节潜力，实现终端设备用能在线监测、智能互动。在广州、深圳等地开展虚拟电厂建设试点，促进源网荷储高效互动。建设省级虚拟电厂聚合、交易和协同控制平台，形成百万千瓦级虚拟电厂响应能力。（省能源局、工业和信息化厅、发展改革委、通信管理局，广东电网公司，相关地级以上市政府负责）

（二十一）鼓励充换电模式创新。在广州、深圳等电动汽车推广领先地区，智能化改造升级直流公共快充站，在公交、城市物流、社会停车场等领域试点建设直流双向充电桩，探索规模化车网互动模式。支持车企在出租车、网约车、物流车等领域，研发生产标准化换电车型，有序推进“光储充换检”综合性充换电站建设，提供一体化换电储能应用解决方案。（省发展改革委、工业和信息化厅、能源局，广东电网公司负责）

（二十二）探索氢储能等试点应用。加强与国内外风光可再生能源资源富集地区和国家级化工生产基地合作，引导氢储能产业链企业参与绿氢及绿色甲醇生产基地以及甲醇、液氢、液氨、有机溶液等储运基地建设，推动新型储氢技术与传统煤化工、石油化工产业链耦合发展。探索利用汕头、阳江海上风电资源，江门、肇庆等风光资源以及城市生活垃圾等生物质资源生产绿氢，在石油化工园区、港口码头、城市轨道交通等推动氢储能等试点应用。（省能源局、发展改革委、交通运输厅，汕头、江门、阳江、肇庆市政府负责）

（二十三）探索区域能源综合服务模式。在公共建筑集聚区、大型工业园区等建立区域综合能源服务机制，提升智慧能源协同服务水平。统一规划建设和运营区域集中供冷试点项目，实现电、冷、气等多种能源协同互济，探索高密度开发地区的低碳生态城区建设模式。（省住房城乡建设厅、能源局、工业和信息化厅，相关地级以上市政府负责）

六、优化新型储能产业发展政策环境

（二十九）完善新型储能电力市场体系和价格机制。明确源网荷各侧储能市场主体定位，完善市场准入标准和投资备案管理程序，建立健全新型储能参与电能量、辅助服务市场交易机制，探索储能“一体多用、分时复用”市场交易机制和运营模式，加快推动电力辅助服务成本向用户侧合理疏导。健全市场化需求侧响应补偿机制，引导用户通过配置储能优化负荷调节性能。支持虚拟电厂参与需求侧响应和辅助服务市场，逐步扩大虚拟电厂交易品种。持续完善储能调度运行机制，科学优先调用储能电站项目。推动建立电网侧独立储能电站容量电价机制，探索将电网替代型储能设施成本收益纳入输配电价回收。独立储能电站向电网送电的，其相应充电电量不承担输配电价和政府性基金及附加。根据电力供需实际情况动态调整峰谷电价，合理设置电力中长期市场、现货市场上下限价格，为用户侧储能发展创造空间。（省能源局、国家能源局南方监管局、省发展改革委，广东电网公司负责）

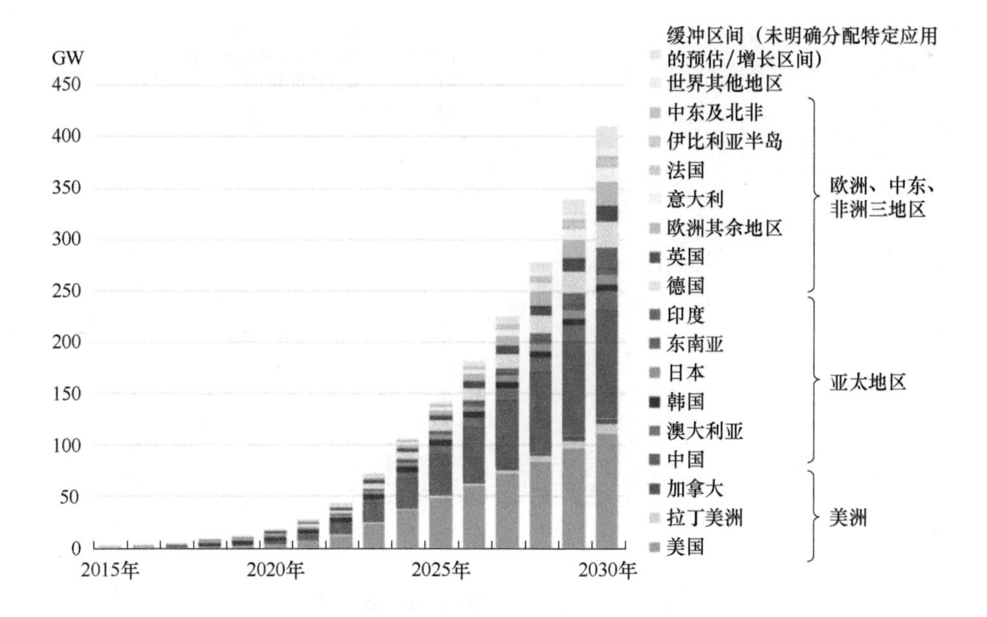

图 1-2　全球电池储能装机累计容量（来源：彭博新能源财经）

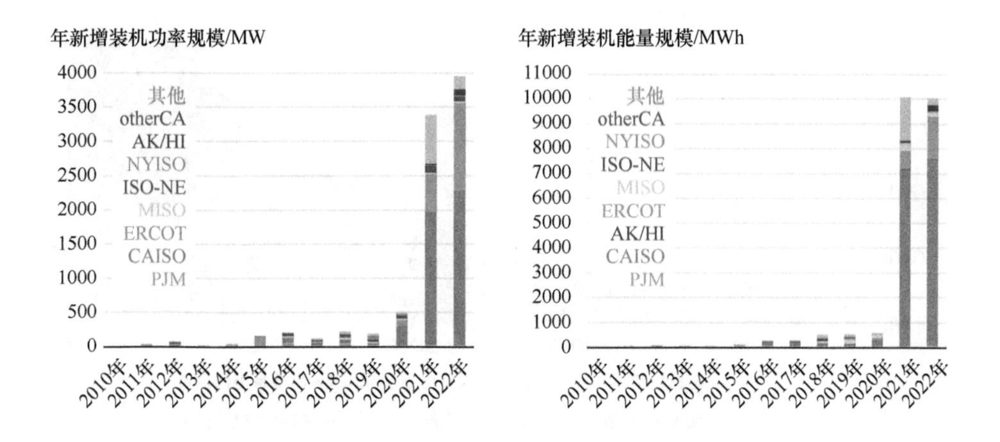

图 3-1　美国电池储能累计装机及区域分布（来源：EIA）

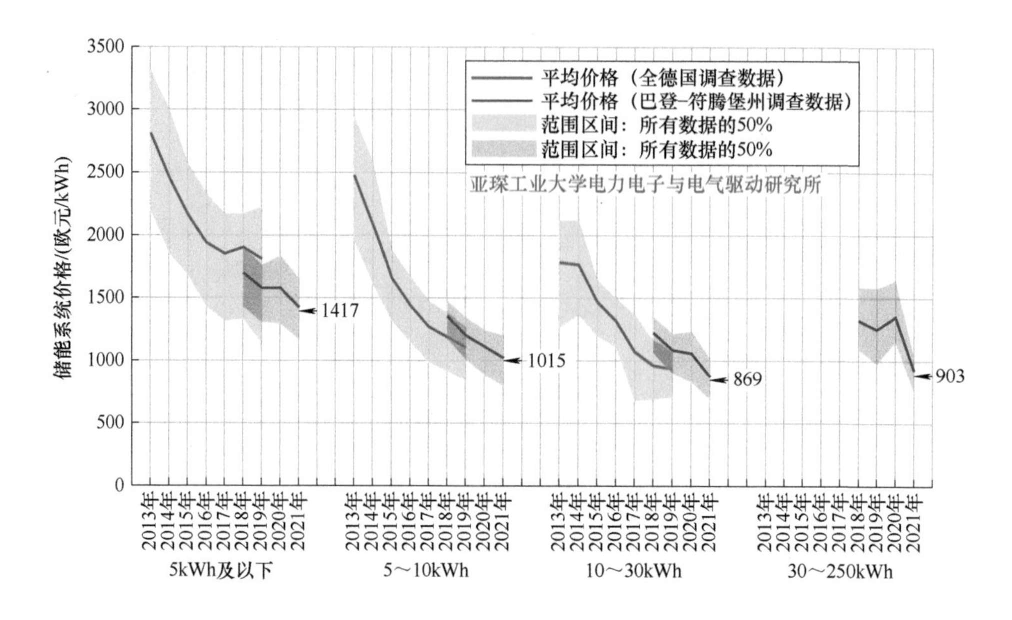

图 3-4　德国电池储能价格下降趋势

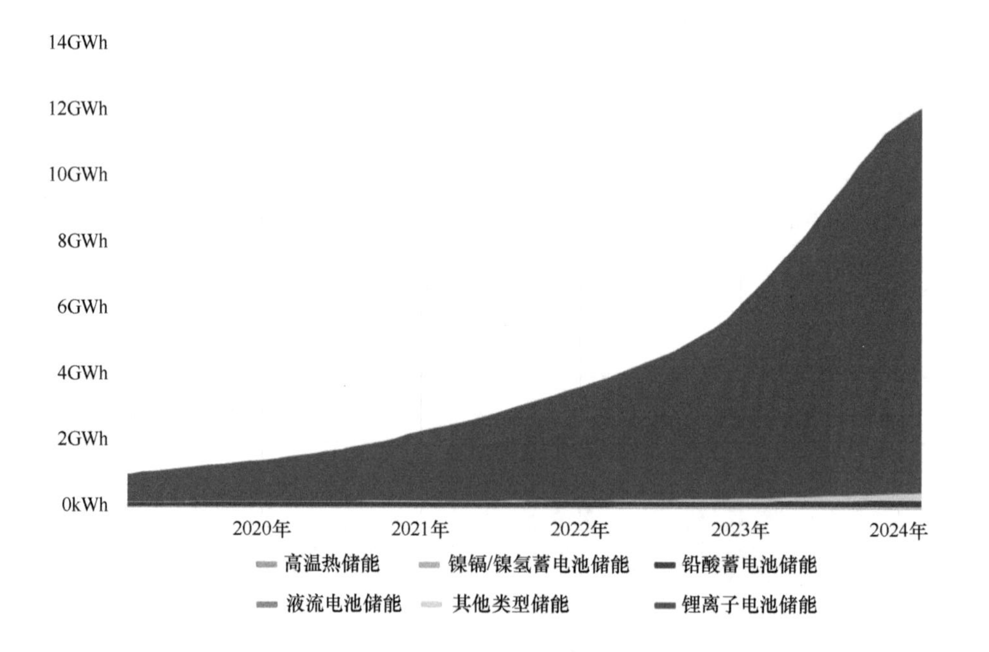

图 3-6　德国储能技术类型